飞行@玩味时光

50款飞行潮玩具穿越时光

王亚男 编著

北京航空航天大学出版社
BEIHANG UNIVERSITY PRESS

图书在版编目（CIP）数据

飞行@玩味时光：50款飞行潮玩具穿越时光/王亚男编著. -- 北京：北京航空航天大学出版社，2021.6

ISBN 978-7-5124-3510-0

Ⅰ.①飞… Ⅱ.①王… Ⅲ.①飞行器—造型—玩具—介绍 Ⅳ.①TS958

中国版本图书馆CIP数据核字(2021)第085453号

飞行@玩味时光：50款飞行潮玩具穿越时光

责任编辑：曲建文　李　帆
责任印制：秦　赟
出版发行：北京航空航天大学出版社
地　　址：北京市海淀区学院路37号（100191）
电　　话：010-82317023（编辑部）010-82317024（发行部）010-82316936（邮购部）
网　　址：http://www.buaapress.com.cn
读者信箱：bhxszx@163.com
印　　刷：天津画中画印刷有限公司
开　　本：787mm×1092mm　1/32
印　　张：8.75
字　　数：35千字
版　　次：2021年6月第1版
印　　次：2021年6月第1次印刷
定　　价：58.00元

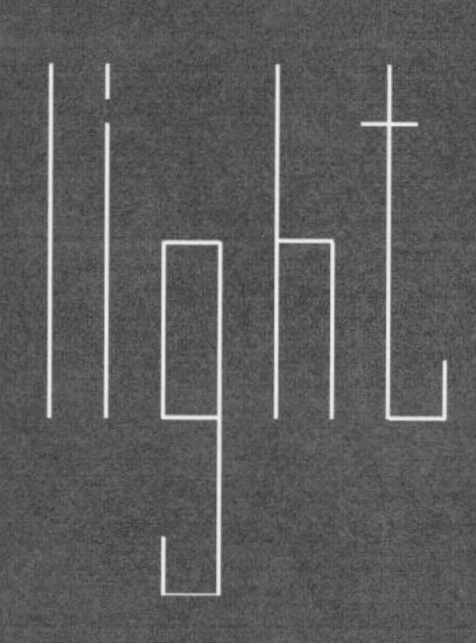

SUBJECT

NAME

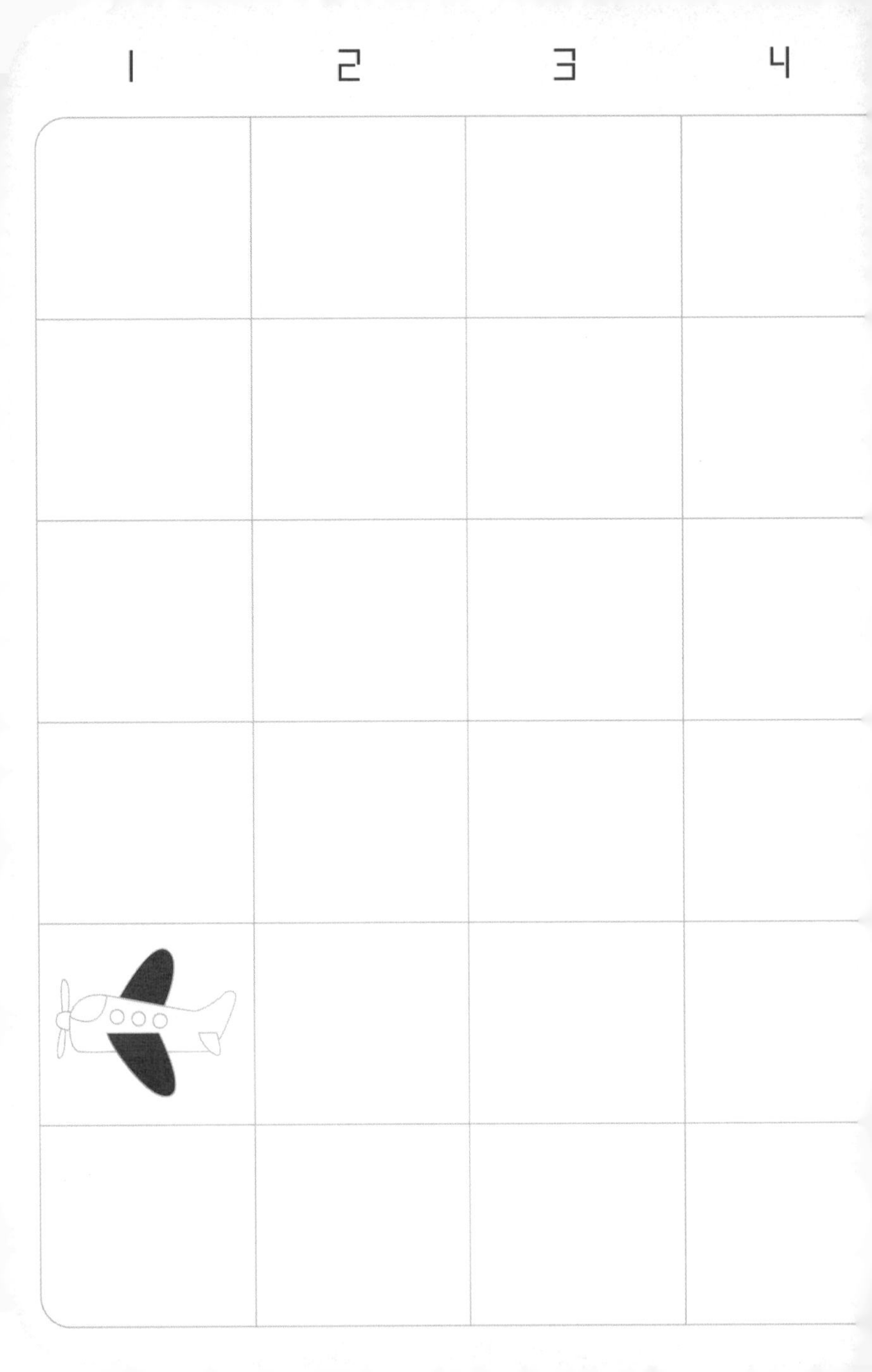
1
2
3
4

5
6
7

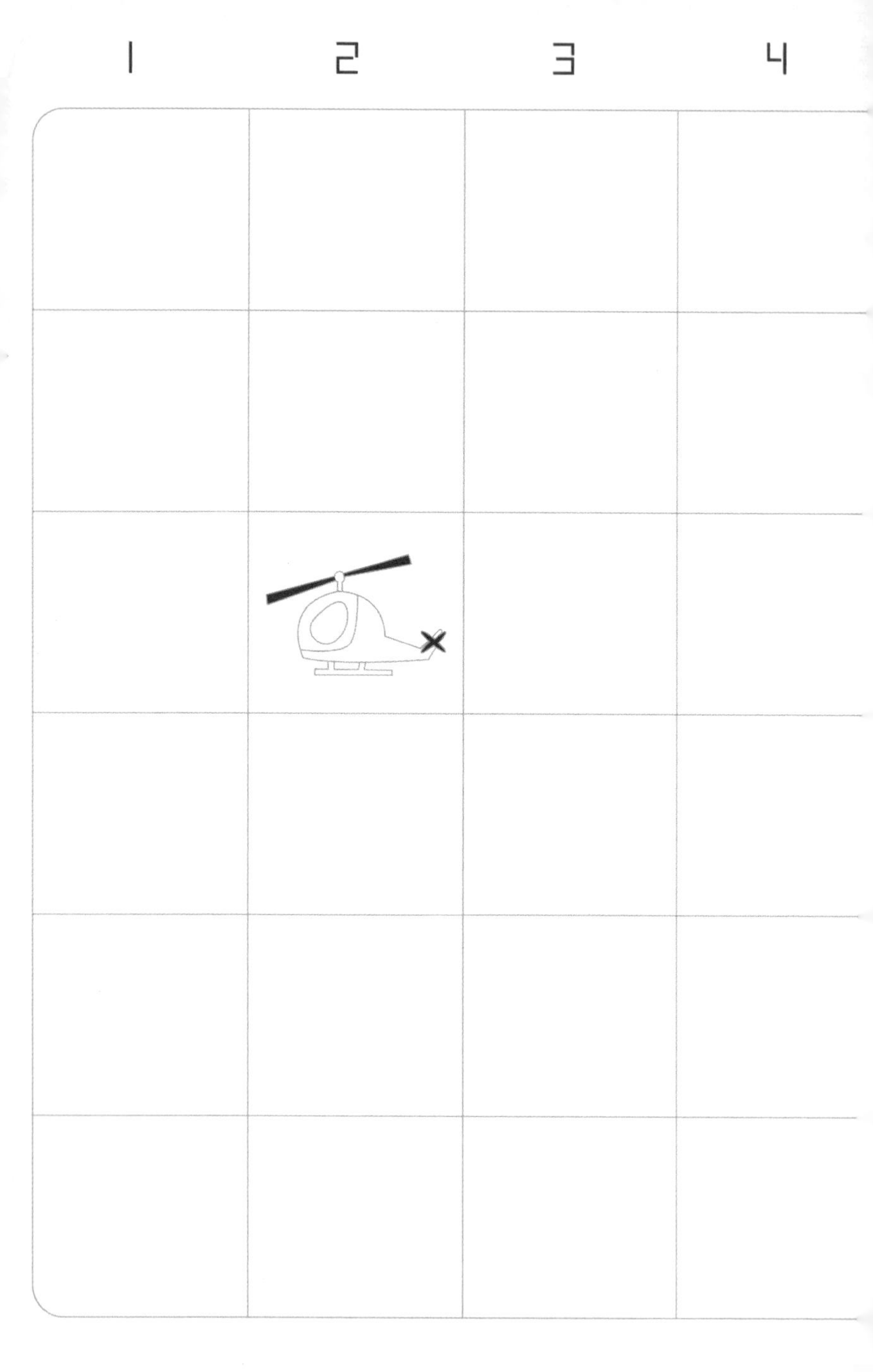

5
6
7

1
2
3
4

5
6
7

1
2
3
4

5
6
7

1
2
3
4

5
6
7

1
2
3
4

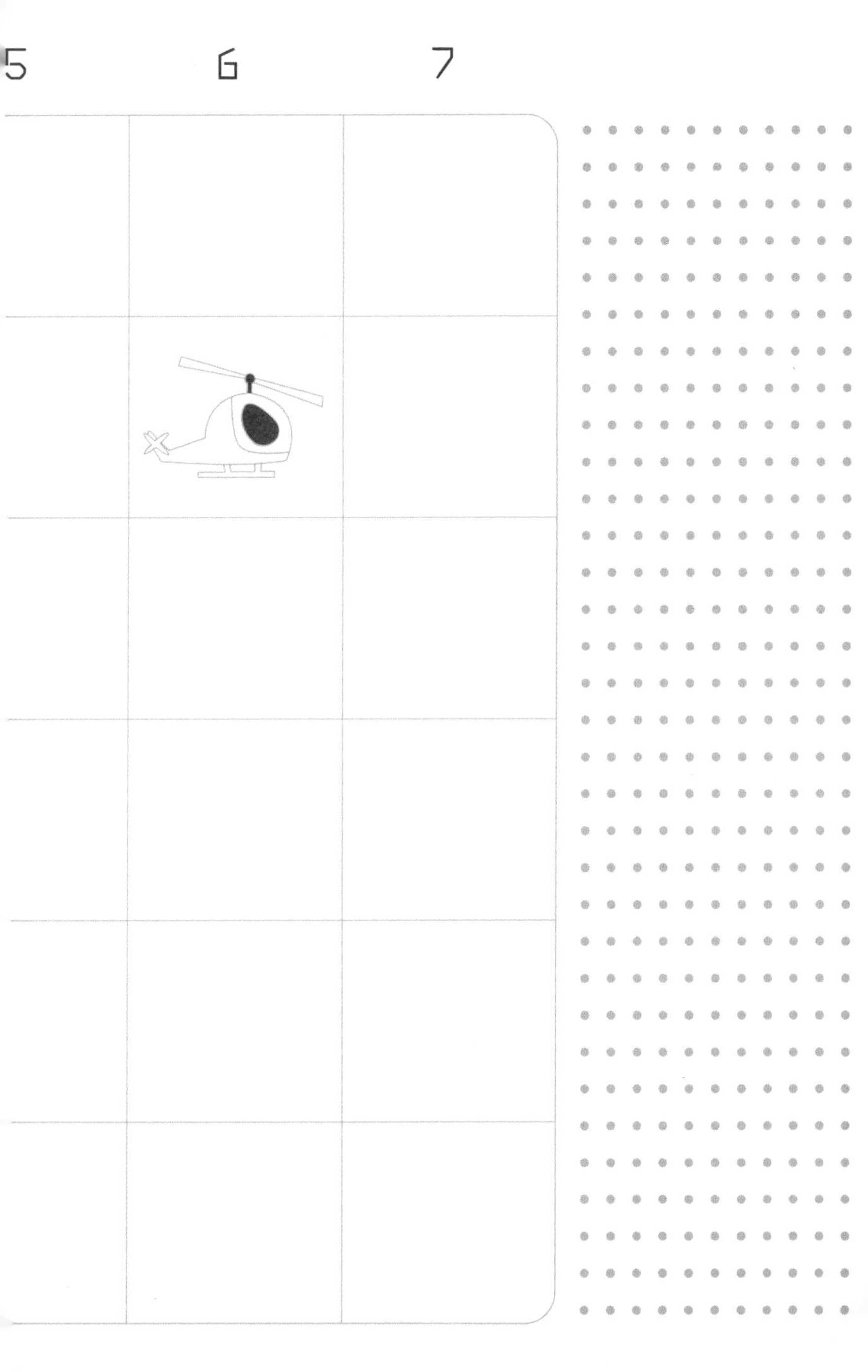
5
6
7

1
2
3
4

5
6
7

1912

铁皮布莱里奥XI

德国奥洛博公司制造的布莱里奥XI铁皮发条玩具飞机。机身灰红相间涂色，尾部螺旋桨为硬纸板制作。三年前的1909年7月25日，法国飞行家路易·布莱里奥驾驶布莱里奥XI型飞机一举飞越英吉利海峡。

1913

莱曼EPL653

德国玩具巨头莱曼公司在1913—1935年间出品的发条玩具飞机，发烧友们通常称它为EPL653。它是德国航空史的见证：1912年2月，德国飞行员赫尔曼·蓬茨驾驶汉斯·格雷德单翼机，完成了德国首次邮政飞行。

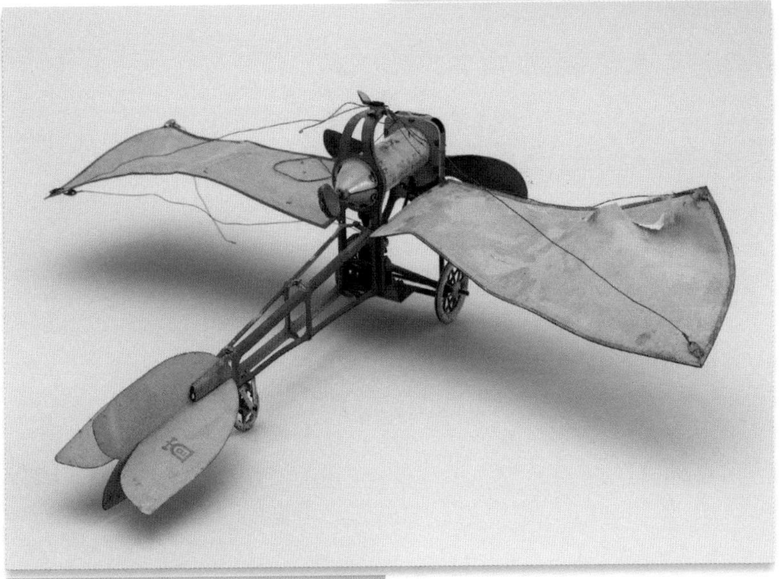

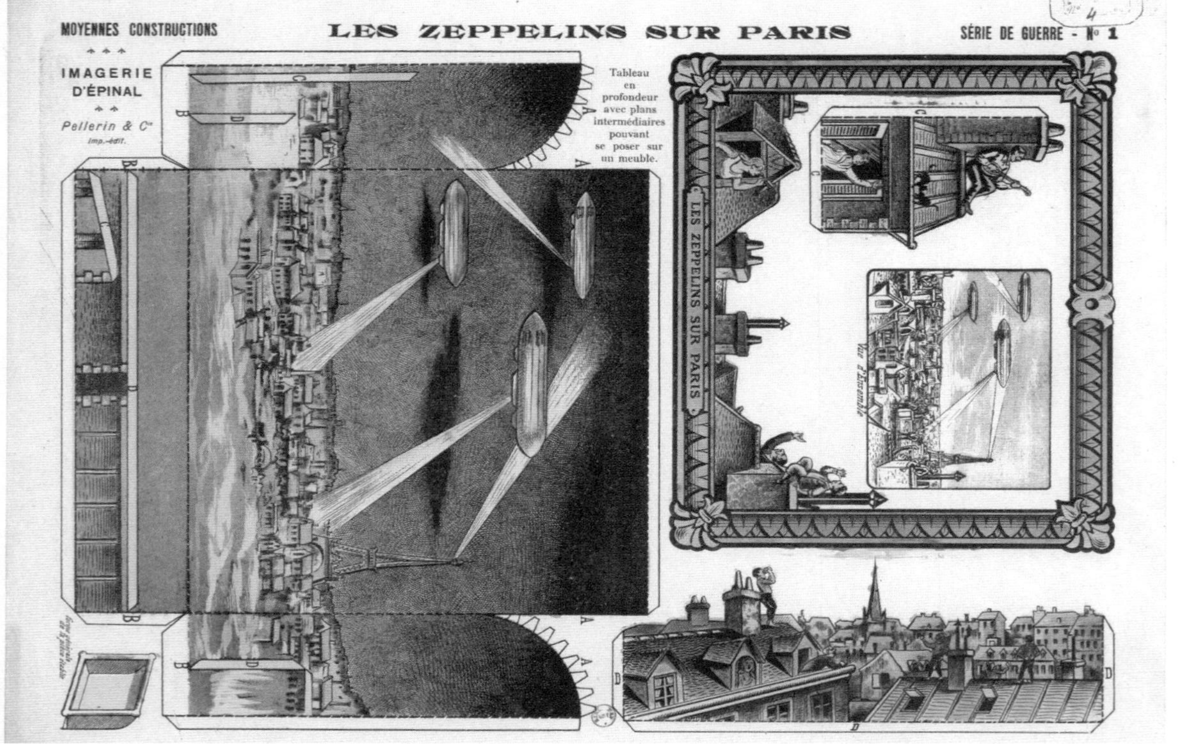
MOYENNES CONSTRUCTIONS
LES ZEPPELINS SUR PARIS
SÉRIE DE GUERRE - N° 1
IMAGERIE
D'ÉPINAL
Pellerin & Cie
imp.-édit.
Tableau
en
profondeur
avec plans
intermédiaires
pouvant
se poser sur
un meuble.
LES ZEPPELINS SUR PARIS
Vue d'Ensemble

20世纪

纸工“齐柏林”

20世纪20年代的这件模型构思巧妙，外观是一个相框，内部的背景是穹形富有立体感的画面——德国齐柏林飞艇空袭巴黎。先把背景板折好，贴到相框的后部，再把表现屋顶近景的背板安装到位，就能构成一幅生动的战争场景。

20世纪 **铁皮Do-X**

20世纪30年代德国出品。这件大型水上飞机铁皮玩具背部安装12台发动机，这种容易引发“密集恐惧症”的造型历史上只有一种飞机与之相称——德国道尼尔Do-X水上飞机。

1935 **麦卡诺12号飞机**

英国利物浦的麦卡诺玩具公司出品。这是一架水上飞机，上面带着英国皇家空军机徽，垂直尾翼上带识别条。作为麦卡诺玩具第12号拼装飞机，这架飞机需要孩子利用盒装零件套材自行组装。

20世纪

赫伯雷“天狼星”

20世纪30年代美国赫伯雷公司出品的铸铁玩具飞机，翼展27厘米。玩具采用敞开式座舱，内设双座，可乘坐两人。它表现的是著名的洛克希德“天狼星”号飞机。1931年，美国飞行家林德伯格和他的妻子驾驶它飞往远东。

21世纪

虎蛾号飞行船

日本模型制造厂Fine Molds推出的《天空之城》虎蛾号飞行船拼装模型。产品逼真再现了宫崎骏1986年大作中率真、鲁莽、贪财、好斗的朵拉海盗们驾驶的飞行船。内附的人物方面还有“朵拉老妈”。

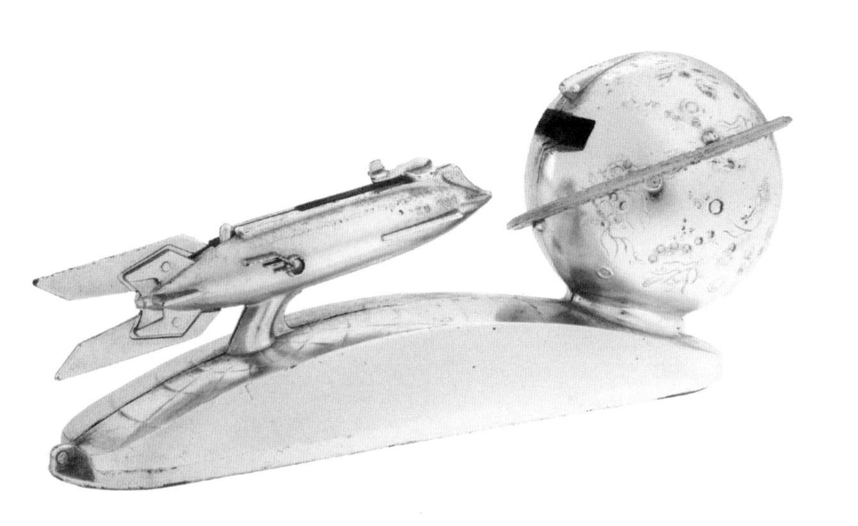

20世纪

太空改装版存钱罐

这件金属存钱罐原本是20世纪60年代的“大路货”，它诞生时正赶上人类太空热情爆棚，被制造成奔向月球的飞船造型。

20世纪 **电动铁皮玩具飞机**

20世纪50年代德国阿诺德公司出品的铁皮电动玩具飞机。机型参考了当时法国南方航空公司研制的“快帆”喷气式客机，涂装是法国航空公司。

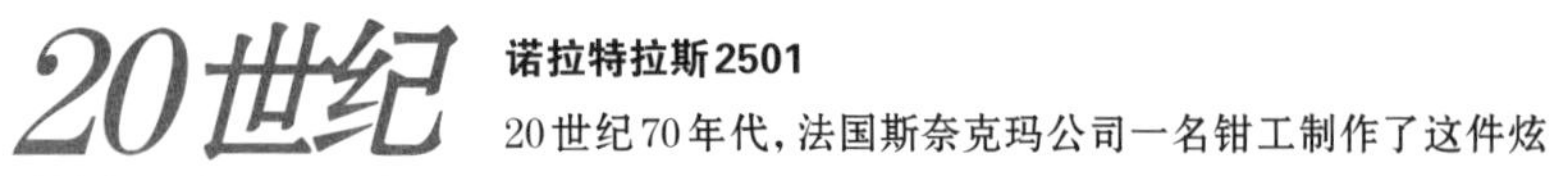

20世纪

诺拉特拉斯2501

20世纪70年代，法国斯奈克玛公司一名钳工制作了这件炫酷的金属模型。模型高13厘米，长56厘米，翼展81厘米，工艺极为细腻，制作历时近三年。驾驶舱和后部均可开启，驾驶舱细节丰富，方向舵甚至可以由驾驶舱操纵活动。

63-NE

U.S.AIR FORCE

62014
MILITARY AIR TRANSPORT SERVICE
U.S.AIR FORCE

U.S.AIR FORCE
62014

20世纪

铁皮“霸王”

20世纪50年代，日本米泽公司出品的电动铁皮玩具飞机。长47厘米，宽53厘米，从四发动机布局、机首设有大型舱门和机身U.S. AIR FORCE(美国空军)字样，不难确认这是美军空运司令部装备的C-124“环球霸王”大型战略运输机。

21世纪

蚀刻片莱瑟姆飞机

日本Aerobase出品的金属蚀刻片拼装微缩模型。模型比例1/160，外形是安托瓦内特号飞机。1909年8月法国兰斯航空大会上，法国航空先驱休伯特·莱瑟姆驾驶该机以68.9千米/小时获得竞速亚军。

SAS
SCANDINAVIAN AIRLINES SYSTEM

SAS
SCANDINAVIAN AIRLINES SYSTEM

SAS

20世纪

道格拉斯DC-8

20世纪60年代日本阿尔卑斯公司出品的铁皮电动飞机。这款飞机全长43厘米，采用斯堪的纳维亚航空(SAS)涂装，造型则是一架美国道格拉斯公司出品的DC-8喷气式客机。

2016 **歼-20蛋机**

行云模型推出的歼-20蛋机模型。虽是拼装模型，但免胶装配。模型完成品长10厘米，垂尾和鸭翼都能转动，弹舱、起落架舱使用替换件表现打开和关闭两种状态，机头下方的光电观瞄系统极为传神。

78233

1965 **宇航员芭比**

美国出品。这件芭比代表了当时的太空时尚——四年前的1961年，首位人类宇航员加加林进入太空，此后美苏两国展开了“白热化”太空竞赛。这件宇航员芭比的太空服，显然参考了“水星计划”航天服的设计。

1955 **电动铁皮“美洲狮”**

日本出品。厂家在设计过程中显然参照了美国格鲁曼公司F9F-8“美洲狮”喷气式舰载战斗机外观。玩具使用电池驱动，行进的同时通过磨石与火石摩擦产生火花，透过机身后部的红色塑料片，会看到宛如发动机喷口喷射的火舌。

NAVY
NAVY

NAVY
GRUMMAN
F9F-8
NAVY
Cougar

2019 **乐高NF-15研究机**

这件乐高NF-15研究机由设计师巴巴托斯于2019年设计拼装成功，使用4079块积木，拼装完成后长86.6厘米，翼展53.1厘米，带支座高26.6厘米。

20世纪

电动超音速客机

20世纪60年代日本出品。飞机全长59厘米，机翼上有SR-649字样，专为出口欧美市场特制。飞机采用后掠翼设计，机身修长，驾驶舱部位有左右并列的透明舱罩，科幻感十足。

DEUTSCHE LUFTHANSA
DM-SAI
DDR
DEUTSCHE LUFTHANSA
DM-SAI
DDR

20世纪

铁皮伊尔-14

20世纪60年代东德出品。这件玩具飞机机体采用铁皮上下扣合工艺，保证了外形的逼真度。玩具的蓝本显然是苏联伊尔-14。推动飞机时，机轮的运动带动飞轮，从而驱动螺旋桨转动，非常有趣。

20世纪

半履带式车载高射炮

20世纪30年代德国马克林出品的半履带式车载高射炮玩具。玩具全长19厘米，发条驱动，生动表现了当时安装在半履带车上作为机动防空武器的高炮。

АЭРОФЛОТ

АЭРОФЛОТ
АЭРОФЛОТ

ЗА МНОЙ

1982 **苏联民航“伏尔加”专车**

苏联出品。细节精致用心，涂装显示这是苏联民航专用地面勤务车，车顶“帽子”上的Аэрофлот字样清楚表明了这一点。车型是苏联GAZ-2402型旅行车，但在中国更多人称呼它为“伏尔加”。

20世纪

“TM导弹车”

20世纪70年代日本米泽公司出品。干电池动力，履带行走机构，车体后部有手动操纵杆，可以控制车辆的前后左右运行。扳动红色的导弹发射杆，车体上方的发射器可以俯仰运动；压下发射杆，发射器会一边旋转一边依次发射4枚导弹。

ARMY

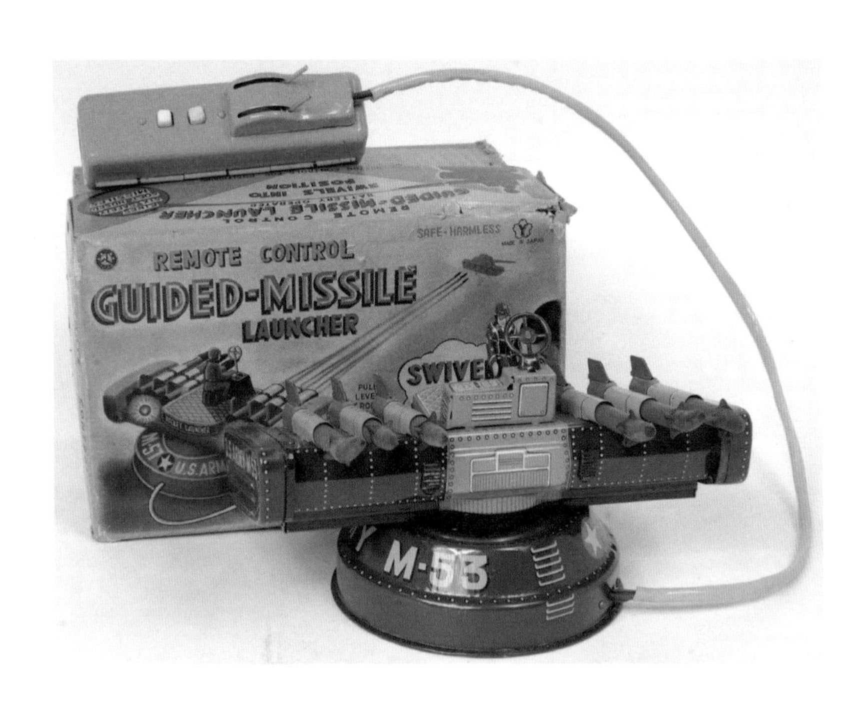

20世纪

铁皮电动线控导弹玩具

20世纪70年代日本米泽公司出品的铁皮电动线控导弹玩具。玩具外观是一个带有旋转机构的导弹发射器，两侧各装3枚导弹。通过一个带遥控线路的手持控制器，可以操控导弹发射系统左右旋转并“发射”导弹。

2017 **全金属运-20**

中国君品汇出品。这架1∶400的全金属铸模运-20静态模型精准开模，采用783编号，生动展现了中国大型运输机的威猛剽悍。

LOS ANGELES

LOS ANGELES

20世纪

铸铁牵引式玩具飞艇

20世纪30年代美国肯顿公司出品的铸铁牵引式玩具飞艇。这艘飞艇表现的是1924年建成的美国海军“洛杉矶”号硬式飞艇，玩具长度18厘米。结构简单，下方带有金属轮子，孩子们可以用绳索拖着它飞奔。

2016 **丁丁的水上飞机**

比利时出品。取材自《卡拉梅克火山的喷发》的丁丁水上飞机模型高9.5厘米，宽11.5厘米，长14厘米。飞机造型取自法国著名水上飞机拉泰科埃尔公司的Late 38CE，虽有几分夸张，但抓住了基本特点，堪称“给力”。

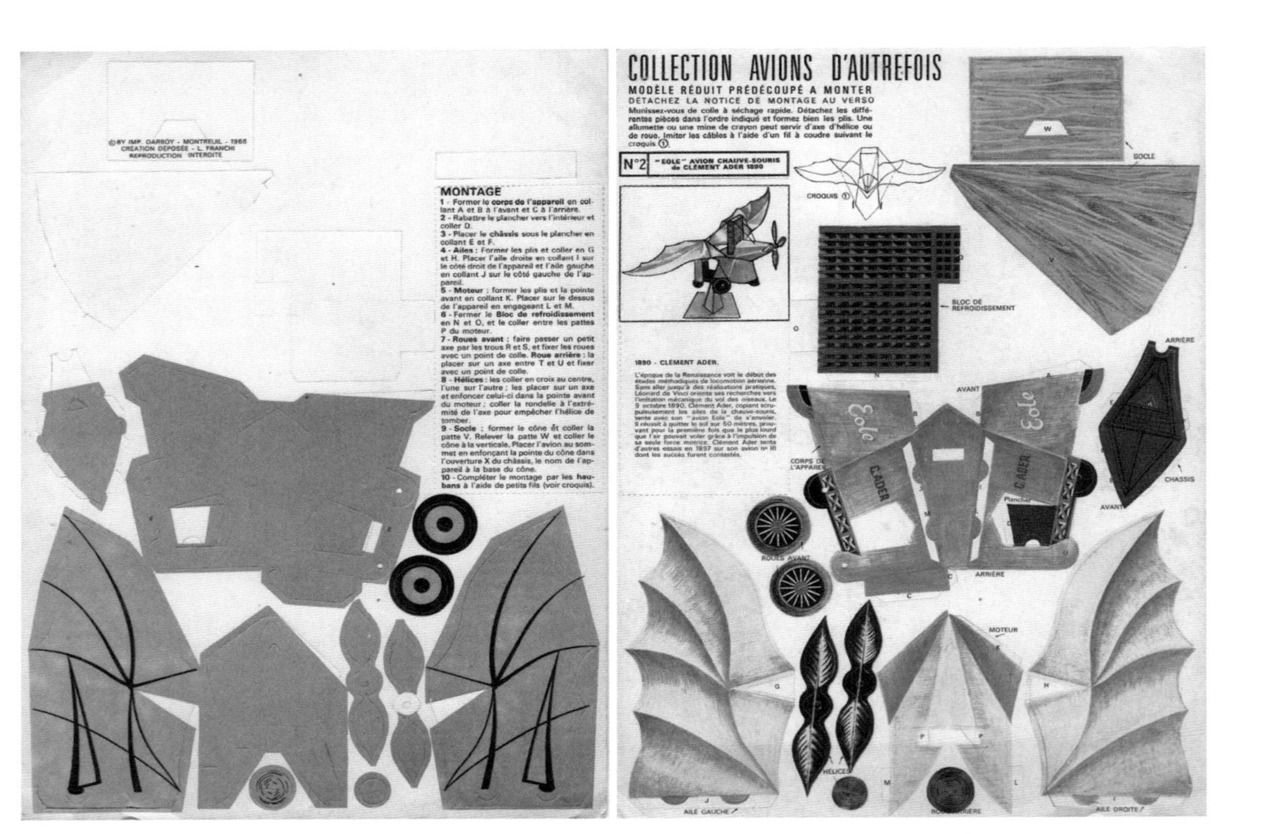

© BY IMP. DARBOY - MONTREUIL - 1966
CRÉATION DÉPOSÉE - L. FRANCHI
REPRODUCTION INTERDITE
MONTAGE
1 - Former le corps de l'appareil en collant A et B à l'avant et C à l'arrière.
2 - Rabattre le plancher vers l'intérieur et coller D.
3 - Placer le châssis sous le plancher en collant E et F.
4 - Ailes : Former les plis et coller en G et H. Placer l'aile droite en collant I sur le côté droit de l'appareil et l'aile gauche en collant J sur le côté gauche de l'appareil.
5 - Moteur : former les plis et la pointe avant en collant K. Placer sur le dessus de l'appareil en engageant L et M.
6 - Fermer le Bloc de refroidissement en N et O, et le coller entre les pattes P du moteur.
7 - Roues avant : faire passer un petit axe par les trous R et S, et fixer les roues avec un point de colle. Roue arrière : la placer sur un axe entre T et U et fixer avec un point de colle.
8 - Hélices : les coller en croix au centre, l'une sur l'autre ; les placer sur un axe et enfoncer celui-ci dans la pointe avant du moteur ; coller la rondelle à l'extrémité de l'axe pour empêcher l'hélice de tomber.
9 - Socle : former le cône et coller la patte V. Relever la patte W et coller le cône à la verticale. Placer l'avion au sommet en enfonçant la pointe du cône dans l'ouverture X du châssis, le nom de l'appareil à la base du cône.
10 - Compléter le montage par les haubans à l'aide de petits fils (voir croquis).
COLLECTION AVIONS D'AUTREFOIS
MODÈLE RÉDUIT PRÉDÉCOUPÉ A MONTER
DÉTACHEZ LA NOTICE DE MONTAGE AU VERSO
Munissez-vous de colle à séchage rapide. Détachez les différentes pièces dans l'ordre indiqué et formez bien les plis. Une allumette ou une mine de crayon peut servir d'axe d'hélice ou de roue. Imiter les câbles à l'aide d'un fil à coudre suivant le croquis ①.
N°2
"EOLE" AVION CHAUVE-SOURIS de CLÉMENT ADER 1890
CROQUIS ①
SOCLE
W
V
BLOC DE REFROIDISSEMENT
1890 - CLÉMENT ADER.
L'époque de la Renaissance voit le début des études méthodiques de locomotion aérienne. Sans aller jusqu'à des réalisations pratiques, Léonard de Vinci oriente ses recherches vers l'imitation mécanique du vol des oiseaux. Le 9 octobre 1890, Clément Ader, copiant scrupuleusement les ailes de la chauve-souris, tente avec son "avion Eole" de s'envoler. Il réussit à quitter le sol sur 50 mètres, prouvant pour la première fois que le plus lourd que l'air pouvait voler grâce à l'impulsion de sa seule force motrice. Clément Ader tenta d'autres essais en 1897 sur son avion nº III dont les succès furent contestés.
ARRIÈRE
AVANT
CHASSIS
Eole
C.ADER
Plancher
ROUES AVANT
ARRIÈRE
MOTEUR
HÉLICES
AILE GAUCHE
AILE DROITE

1966 **纸工“阿德尔”**

法国出品。表现的是法国著名航空先驱阿德尔1890年试飞的“阿维翁”I型飞机，因为其外形颇似蝙蝠，不少研究者干脆把它称作“蝙蝠”飞机。

2015 **“飞船”小屋**

美国出品。这件“太空飞船”纸板玩具屋DIY套材包括55个细节丰富的彩印硬纸板构件以及75个塑料连接件，还附有简单的组装工具。6岁以上的孩子们可以自己动手完成建造。

СССР
42344

42344
СССР

СССР

1961

图波列夫图-104

苏联制造。比例 1 : 35，机舱外壁透明且带内构，清楚展示了飞机独特的“2+3”客舱布局以及位于中央翼盒上方的厨房。图-104 以图-16 轰炸机为基础改进而成，采用两台涡轮喷气发动机，1956 年投入使用。

20世纪

发条动力水上飞机

20世纪60年代日本米泽出品。这件“海鸥快船”发条动力水上飞机长25厘米，宽25厘米，带原包装盒。上好发条螺旋桨便会转动，产生拉力驱动飞机凭借浮筒在水上滑行。

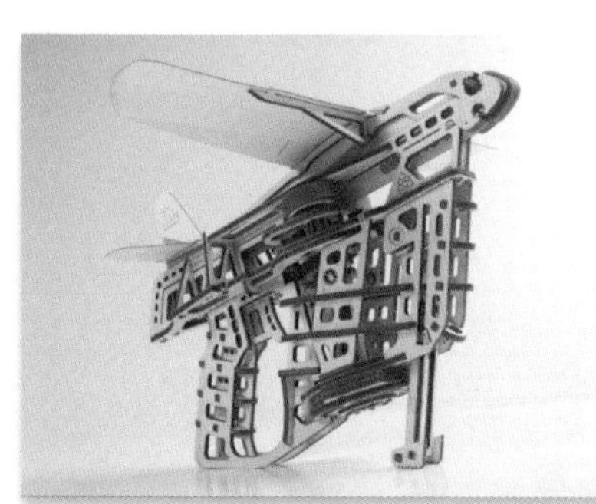

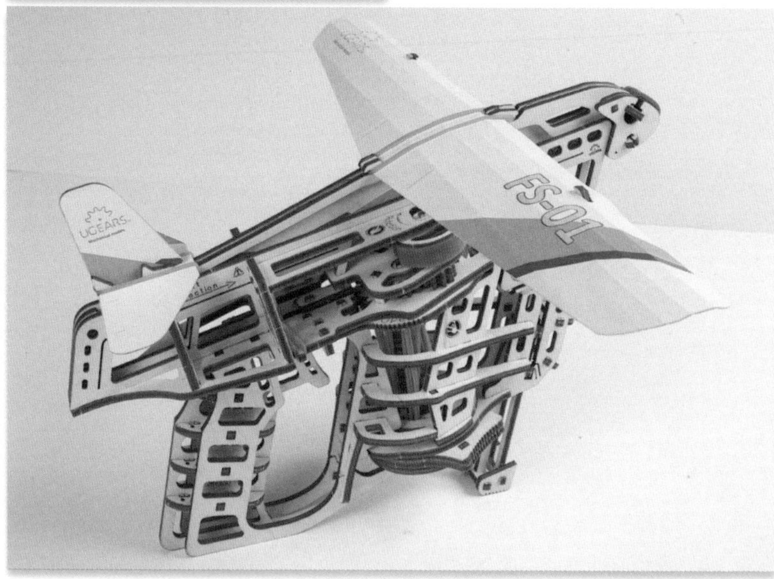
UGEARS
FS-01

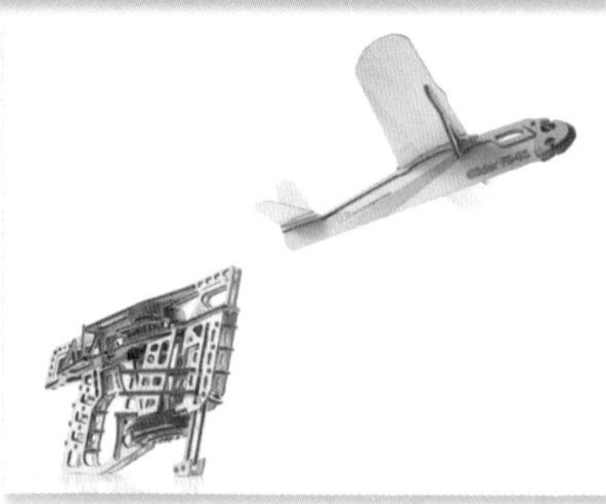

2017 **飞行启动器**

乌克兰Ugears出品。利用这套套材可以组装出一把手枪式飞行启动器，利用橡皮筋发条和巧妙的传动系统，能把飞机模型弹射升空，飞行距离可以轻松超过30米。

2015 **VR天文互动系统**

英国出品。通过投影天象仪，孩子们可以认识星星和星座，戴上VR眼镜并结合App，便能在太阳系中星际旅行。结合3D模型卡，还能在掌心把玩各种航天器模型。

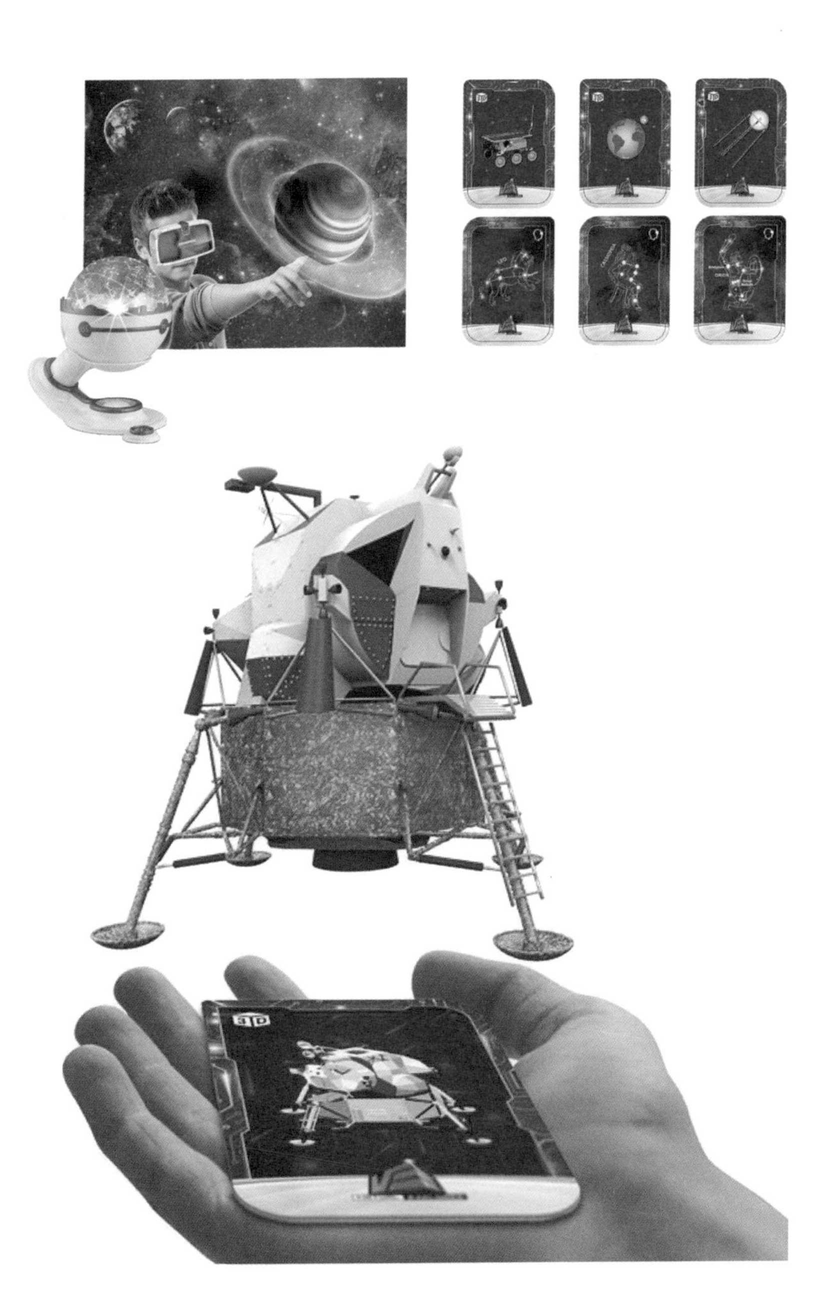

VF-151

2019

“闪电”

美国著名玩具公司孩之宝出品。《变形金刚》中霸天虎成员“闪电”虽是反派，但因为能变身F-4“鬼怪”战斗机，也相当炫酷。这件“闪电”DLX系列模型高27厘米，共有51个可动关节，眼部带LED灯光，部分零件采用金属制造。

20世纪

"佩刀"起飞

20世纪60年代日本米泽出品。长34厘米，宽20厘米，采用干电池作为动力，为孩子们构建了一个相当完整的军用机场。机场上有跑道和指挥大楼，大楼顶部有高耸的塔台，塔台上还有雷达天线。利用发条弹射机构，可以让这架北美F-100"超级佩刀"战斗机模拟滑行。

BATTERY OPERATED
JET PLANE BASE
WITH RADAR CONTROL TOWER
FW-730
U.S. AIR FORCE
F-100
170702
FW-707
USAF
U.S. AIR FORCE

F-100
170702
FW-707
USAF
U.S. AIR FORCE

20世纪

“鬼怪”三角翼

20世纪60年代德国蒂普科公司出品。以摩擦飞轮为动力，保存状况良好。20世纪六七十年代正是三角翼飞机颇受军方青睐的时期，美国F-102、F-106等截击机都采用了无尾三角翼构型，给人强烈的视觉冲击。

20世纪

铁皮“太空监测站”

20世纪50年代日本Structoys玩具公司出品。玩具描绘的是典型的太空飞行器跟踪监测基站，专门服务于人造卫星。装好干电池，启动开关，雷达屏幕里的人造卫星就会开始绕着“地球”旋转，而孩子们则可以操作右侧的摩尔斯电码发送按键，发送滴滴答答的信号。

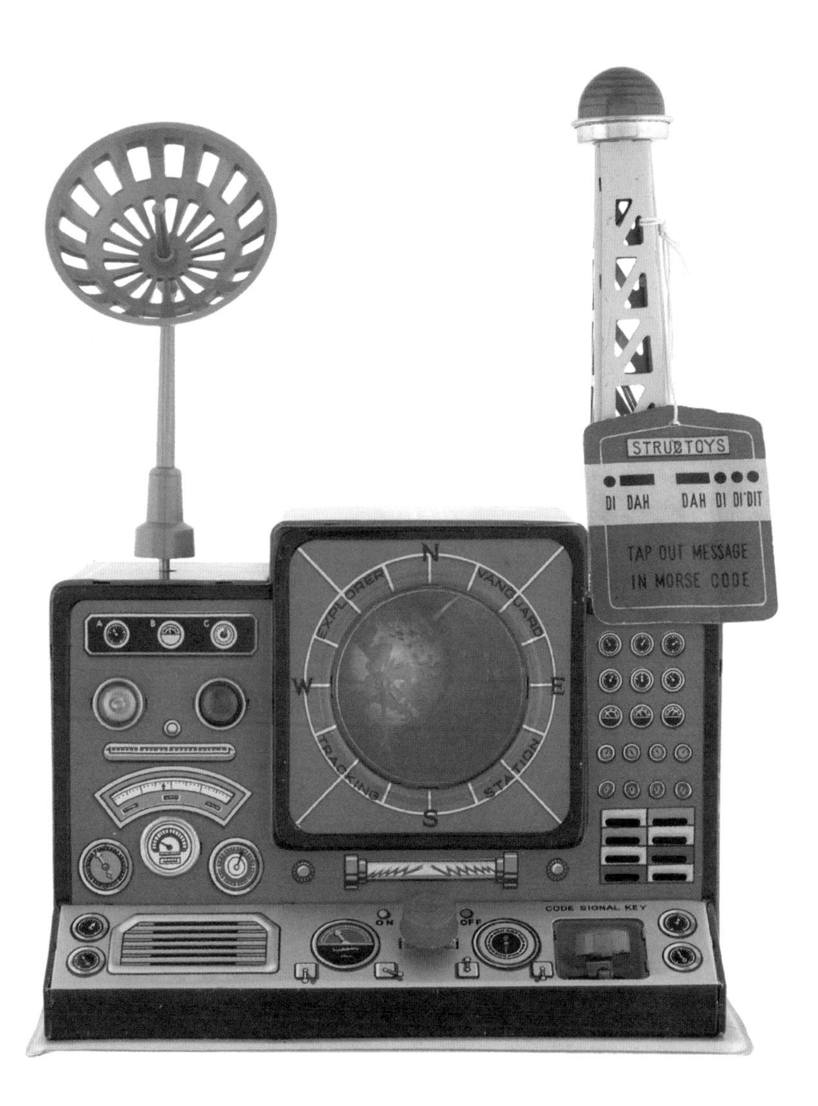
STRUDTOYS
DI DAH
DAH DI DI'DIT
TAP OUT MESSAGE
IN MORSE CODE
N
S
E
W
EXPLORER
VANGUARD
TRACKING
STATION
ON
OFF
CODE SIGNAL KEY

NASA

20世纪

“水星”任务纪念娃娃

20世纪60年代美国“水星”太空任务航天服承包商古德里奇公司制造的太空款布娃娃。娃娃身着“水星”太空任务航天服，如今是美国华盛顿国家航空航天博物馆的珍贵藏品。这些娃娃不是普通玩具，而是用于馈赠航天领域VIP的专属礼品——据说总共制作了不超过10个。

1942 飞机识别转盘

美国制造。这件纸板转盘玩具正面彩印有一架美国柯蒂斯P-40“战鹰”战斗机。玩具的设计原理并不复杂，它由两层厚纸板制成，上层纸板开有一个扇形观察窗，呈圆形，沿边缘印有美国陆军航空队各种主要战斗机、轰炸机及运输机的型号和简介。

KNOW YOUR AIRPLANES
P-39
P-51
P-38
A-20
P-40
A-24
P-47
A-29
B-17
C-46
B-24
C-54
B-25
O-52
B-26
AT-9
P-38
UNITED STATES ARMY FIGHTERS, LIGHT AND HEAVY BOMBERS, TRANSPORTS

571
ATOMIC SUBMARINE
ATOMIC SUBMARINE
WITH LIGHT AND AUTOMATICALLY FIRING MISSILES
BATTERY POWERED REMOTE CONTROL
571
ATOMIC SUBMARINE
GO
FIRE
MARX

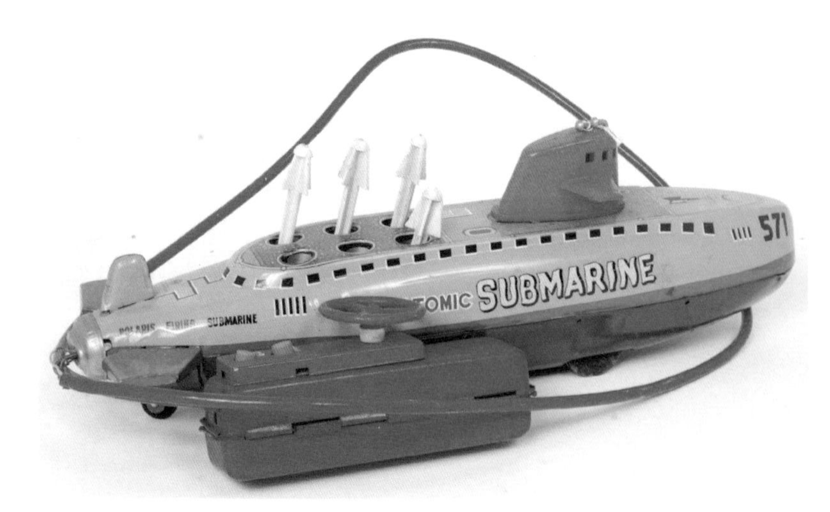
571
SUBMARINE
POLARIS FIRING SUBMARINE

20世纪

“鹦鹉螺”号导弹核潜艇

20世纪70年代德国马克斯玩具(日本)公司出品。潜艇后方设有“导弹舱”，内部可携带6枚塑料导弹，采用有线控制方式。孩子们可以通过控制盒操纵潜艇在地面上移动，按下发射钮，潜艇后部的发射筒里能依靠弹簧的力量发射出6枚“弹道导弹”。

21世纪

铜合金“喀秋莎”

俄罗斯出品。这件1：35比例铜合金制造的BM-13“喀秋莎”火箭炮摆件做工精细，配有简约木制包装盒，在装饰案头的同时也能充当镇纸。

FLIGHT

1969

航天员“史努比”

美国出品。史努比航天员最初于1969年推出，玩偶高23厘米，与当年5月载人绕月飞行的“阿波罗”10号任务渊源颇深——“阿波罗”10号登月舱的绰号就是“史努比”，而指令舱代号是“查理·布朗”。

20世纪

铁皮“月球火箭”

20世纪60年代匈牙利出品。火箭箭体上写着匈牙利文Holdraketa，意为“月球火箭”。使用摩擦飞轮作为动力。火箭平时水平停放在一个三轮滑车上，手持火箭向前滑行，松手后火箭依靠飞轮惯性前进，前方天线碰到障碍物后会触发弹簧控制机构，火箭转入直立状态，侧面的舷梯展开并且露出里面的宇航员。

holdrakéta
HOLDRAKÉTA

PARIS-TOKIO
31

31

1925 **铁皮布雷盖XIX**

法国出品。飞机长23厘米，侧面印有“巴黎—东京31”字样。这架轰炸机玩具真实记录了近百年前的航空往事：1924年法国一架布雷盖XIX型飞机曾经完成从巴黎到东京的创纪录飞行。

1960 **铁皮巴德152**

东德出品。这款铁皮摩擦飞轮动力玩具是当年东德民用航空工业雄心的证明。巴德152是东德当时研制的一款四发动机民用喷气式客机,1958年首飞,但1961年即告终止。

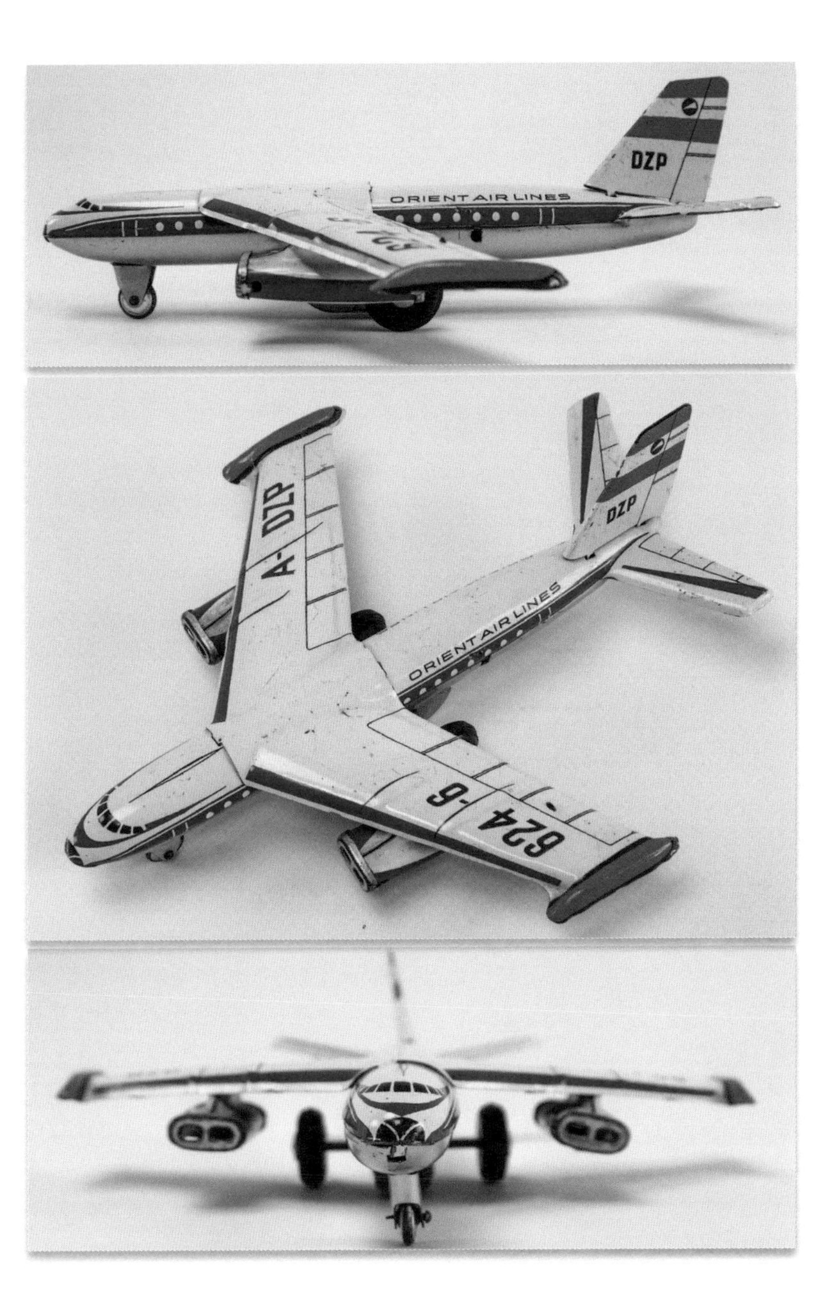
DZP
ORIENT AIR LINES
A-DZP
DZP
ORIENT AIR LINES
624-6

20世纪

铁皮电动飞行模拟器

20世纪60年代德国出品。玩具由控制台和安装在台上的飞机组成，飞机是英国欧洲航空公司涂装的维克斯“子爵”号涡轮螺旋桨式客机；玩具控制台上设有飞机操纵杆和动力控制杆，可以模拟飞机的启动和升空。

20世纪

铁皮波音377

20世纪60年代德国出品。电池动力，尺寸很大，机翼和机身可以分离，内设电池盒。玩具外形来自美国波音公司著名的四发动机螺旋桨客机波音377，采用泛美航空涂装。

PAA
N1023V
PAN AMERICAN WORLD AIRWAYS

PAA
N1023V
PAA
PAN AMERICAN WORLD AIRWAYS
N1023V

N1023V
PAN AMERICAN WORLD AIRWAYS

N1023V
PAN AMERICAN WORLD AIRWAYS

20世纪 铁皮“阿波罗15”

20世纪60年代日本KY玩具公司出品的电动火箭铁皮玩具。长45厘米，箭身上写着“阿波罗15”字样，打开开关后，电池驱动轮子转动并有小灯泡闪动，火箭能前进，撞到障碍物能自动转向。火箭侧面的舱门能打开，里面有一个手持摄像机的宇航员一起一伏，十分生动。

20世纪

铁皮喷气“彗星”

20世纪60年代日本米泽公司出品。这架铁皮玩具飞机以摩擦飞轮为动力，造型来自英国德·哈维兰公司研制的世界上第一种喷气式民航客机“彗星”号。“彗星”号配备四台喷气式发动机，造型优雅，开始服役时广受欢迎，但不久就因空中解体坠毁事故而丧失市场机遇。

COMET
JETLINER
COMET
JETLINER

JETLINER
COMET
De Havilland
COMET JETLINER
COMET
COMET

COMET
COMET JETLINER
COMET

PH-TFD
THE FLYING DUTCHMAN
KLM

PH-TFD
THE FLYING DUTCHMAN
KLM
KLM

KLM

20世纪

铁皮“超级星座”

20世纪70年代德国阿诺德公司出品。玩具造型取自美国洛克希德·马丁公司研制的“超级星座”四发动机大型远程客机。玩具采用荷兰皇家航空公司涂装，使用摩擦飞轮作为动力，属于当时的大型铁皮玩具。

20世纪

电动铁皮“登月舱”

20世纪70年代日本DSK玩具公司出品。玩具造型准确逼真，宽24厘米，以电池为动力，上面印有NASA(美国国家航空航天局)标志。舱门能打开，里面有宇航员。舱体上印有Eagle(老鹰)字样，这恰恰是“阿波罗”11号任务中指挥中心对登月舱的呼号。

NASA
L NASA M
TRADE
L M

L NASA M
L M
APOLLO-11

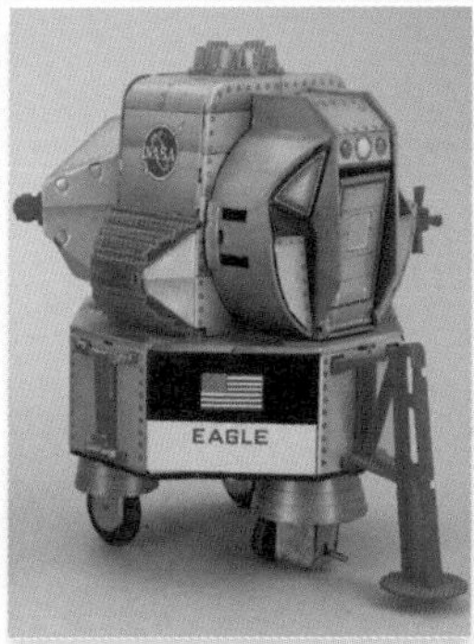
EAGLE

EAGLE
UNITED STATES

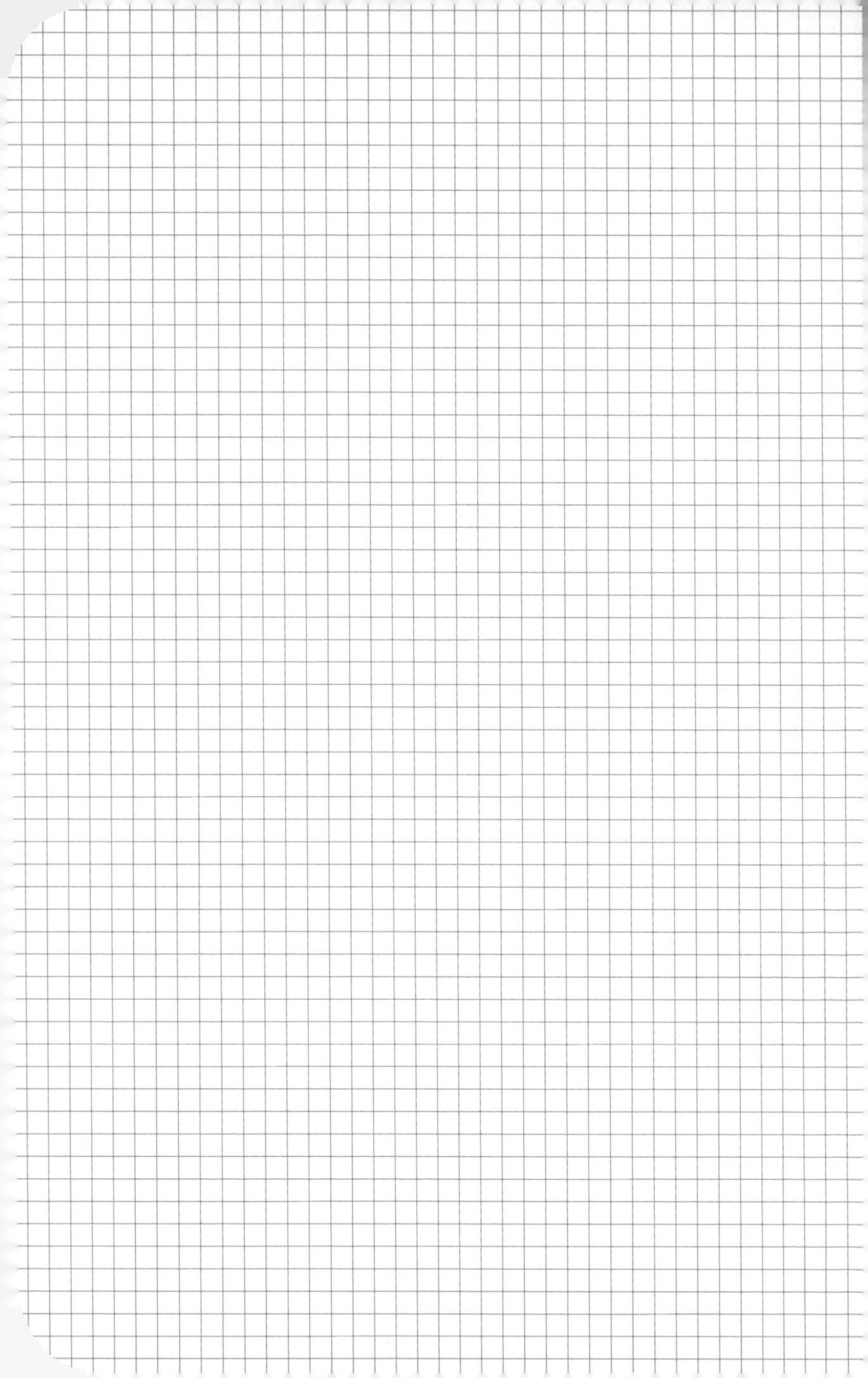

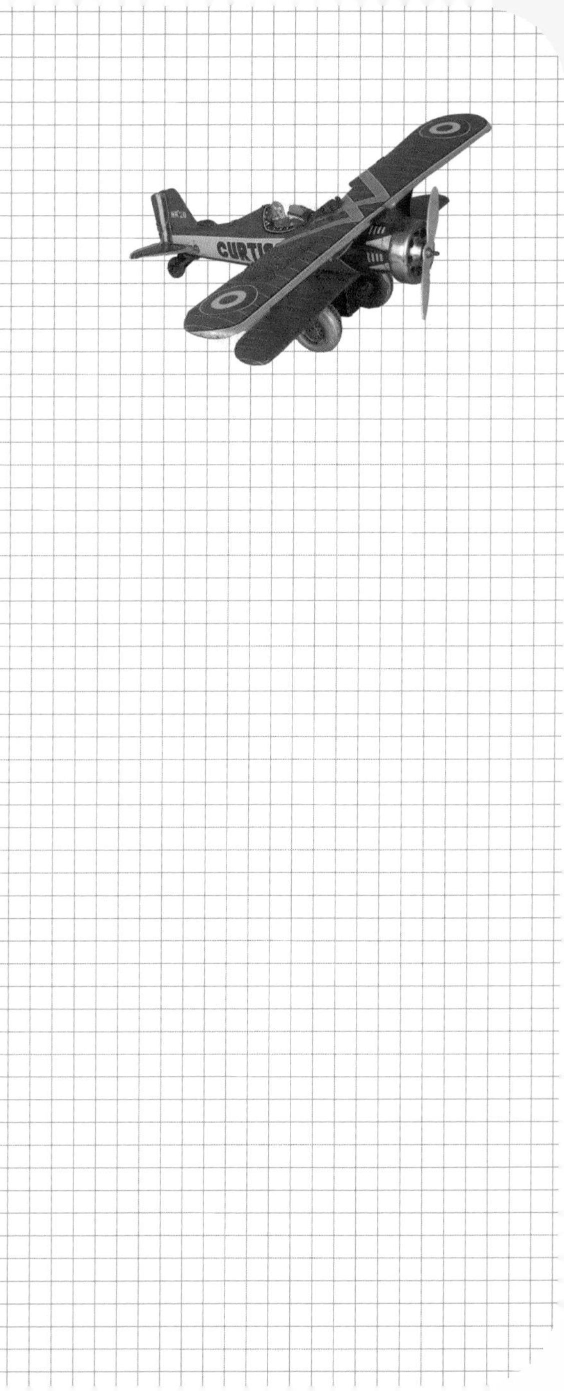

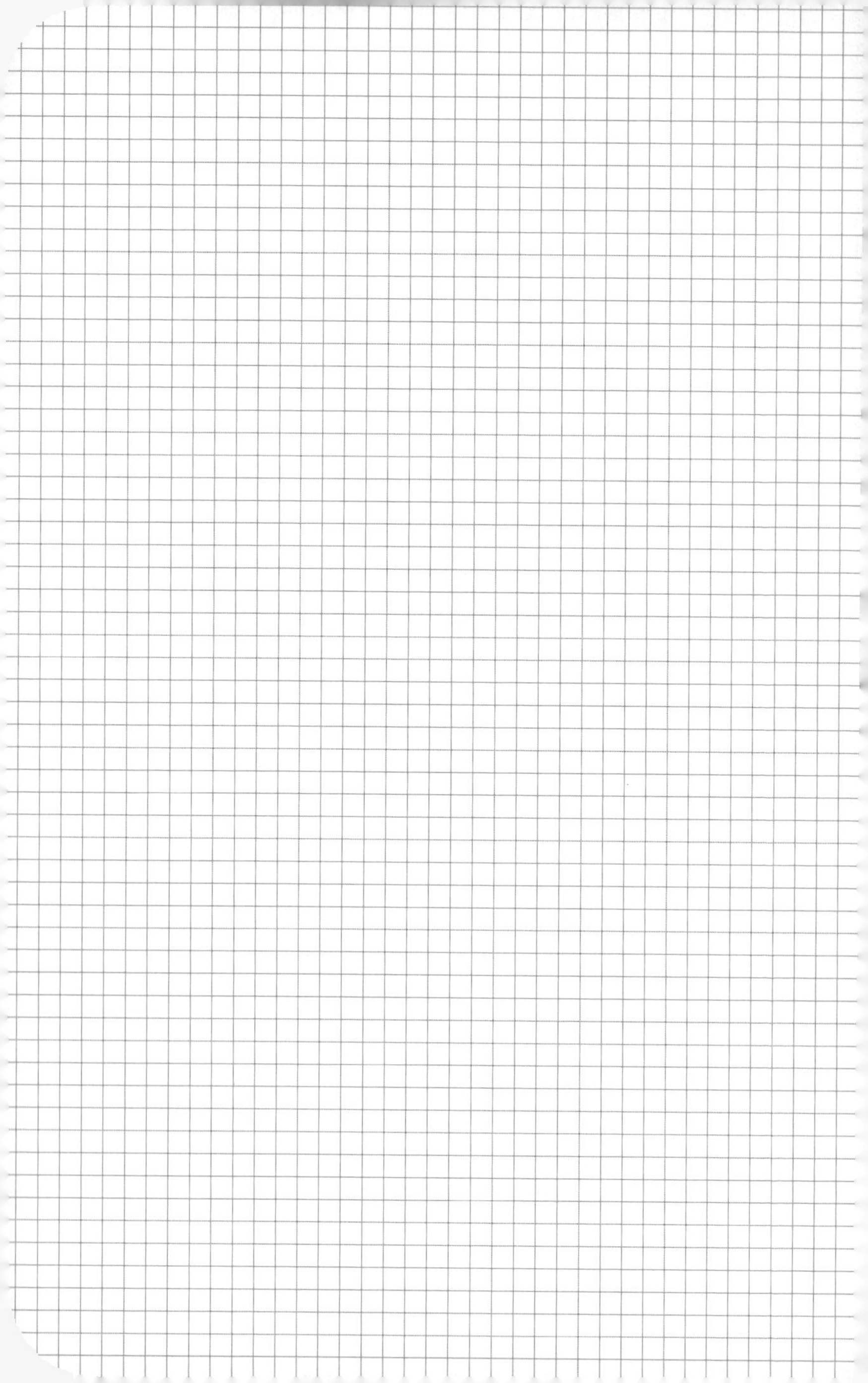

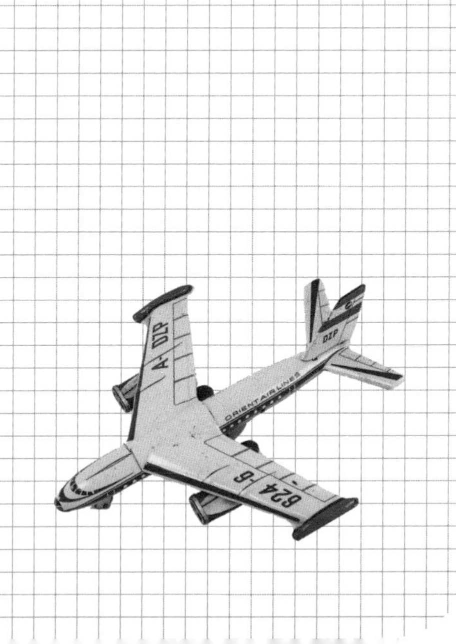
A-DZP
ORIENT AIRLINES
DZP

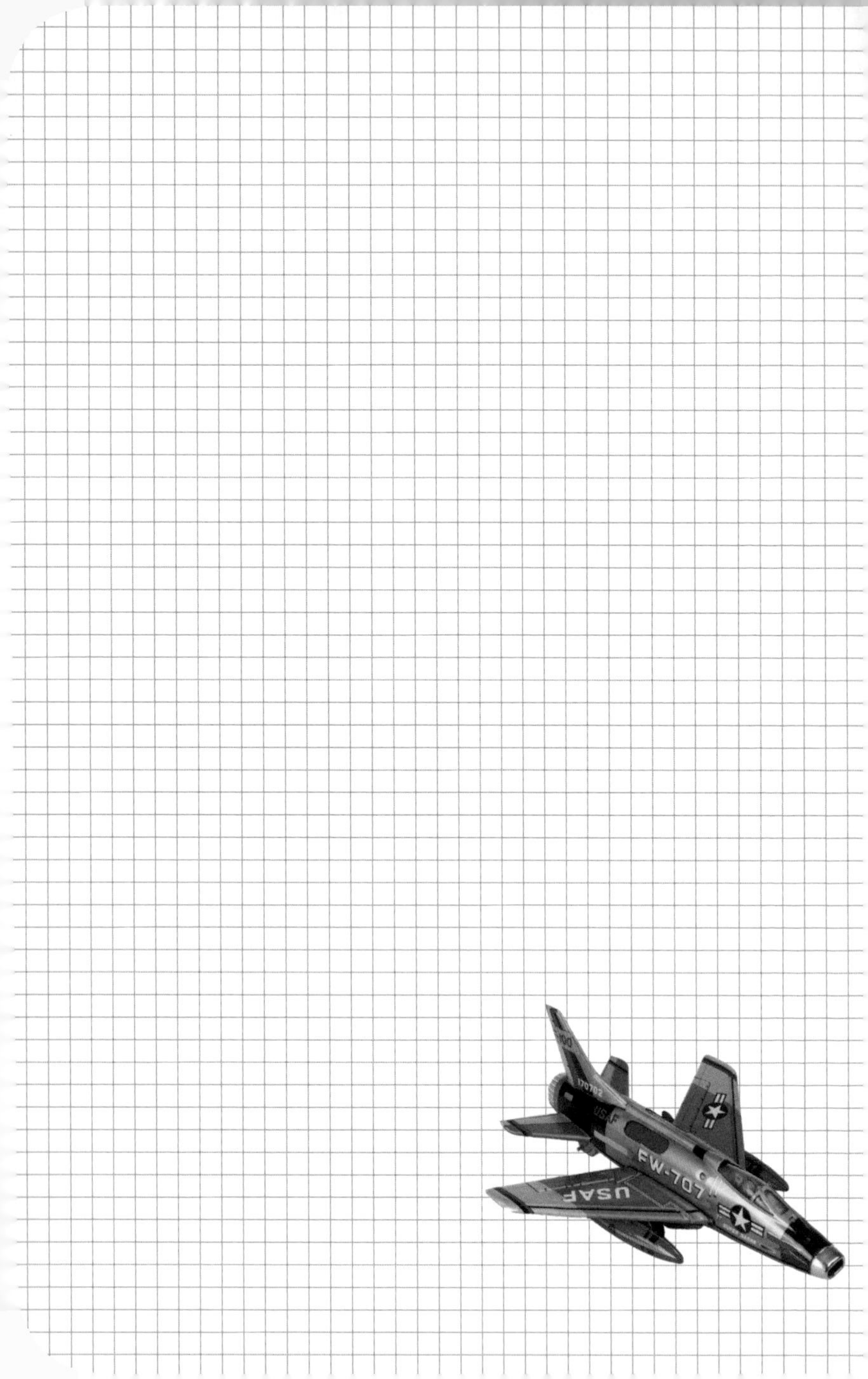
USAF
FW-707
USAF

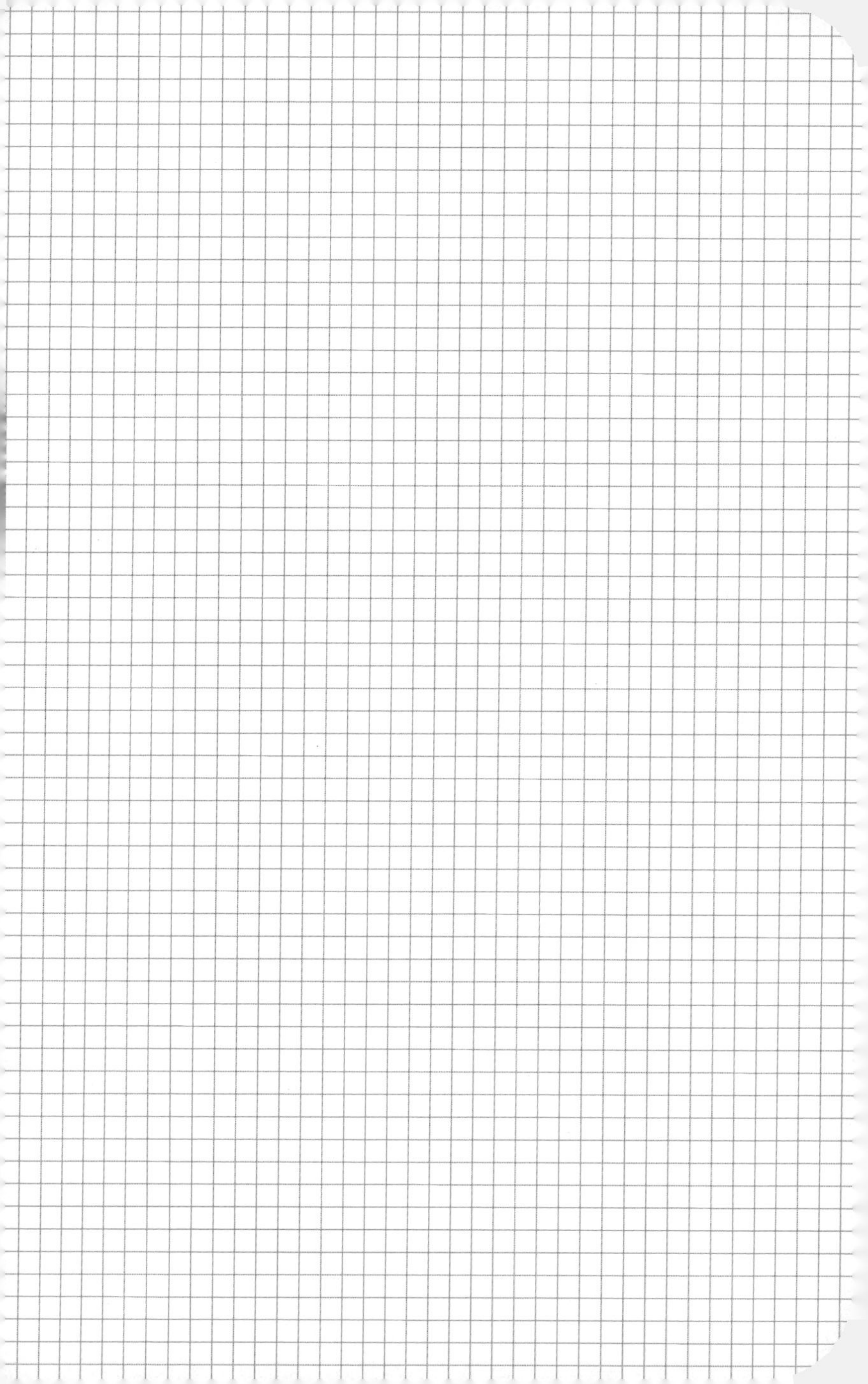

AMERICAN AIRLINES

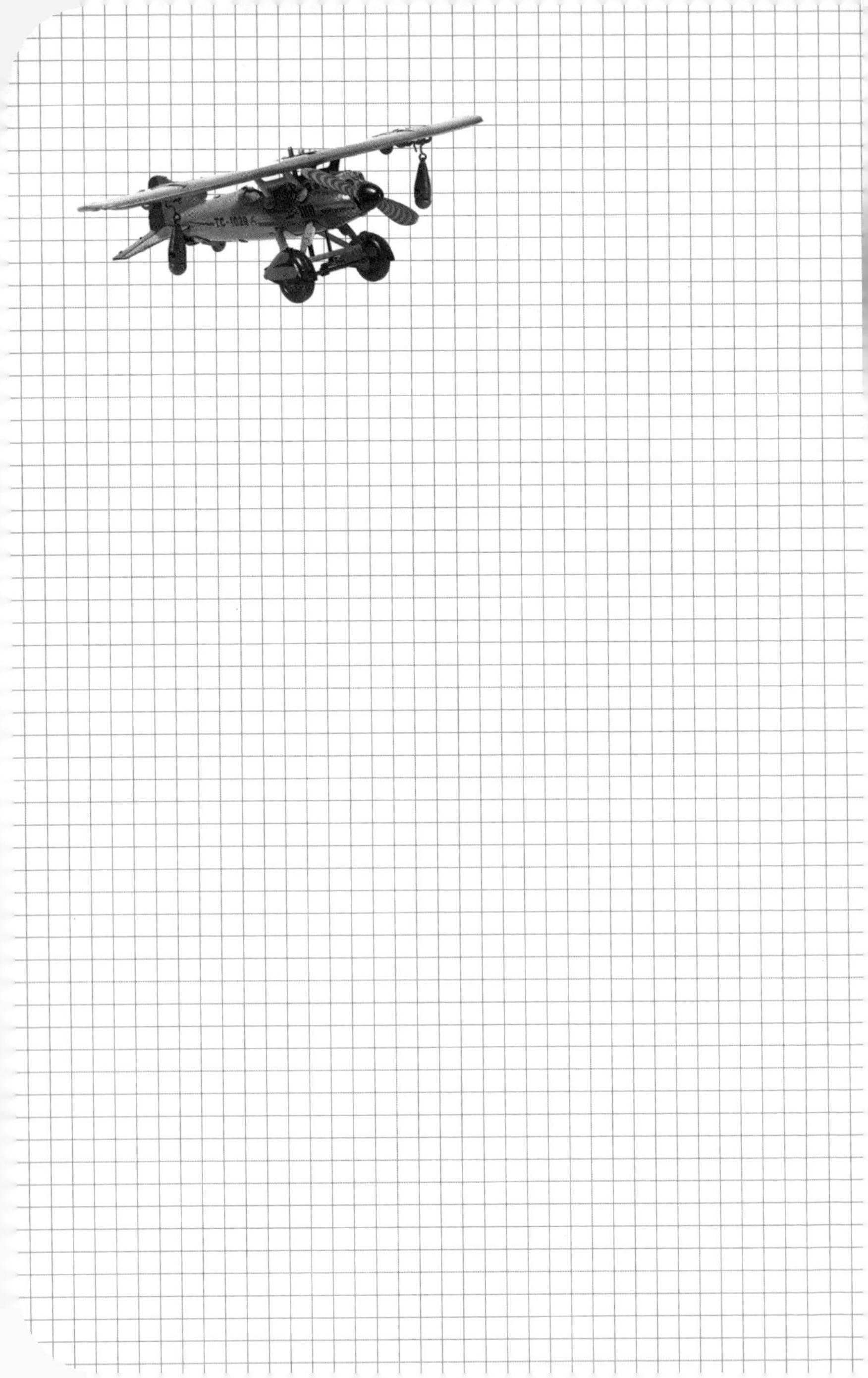
TC-1029

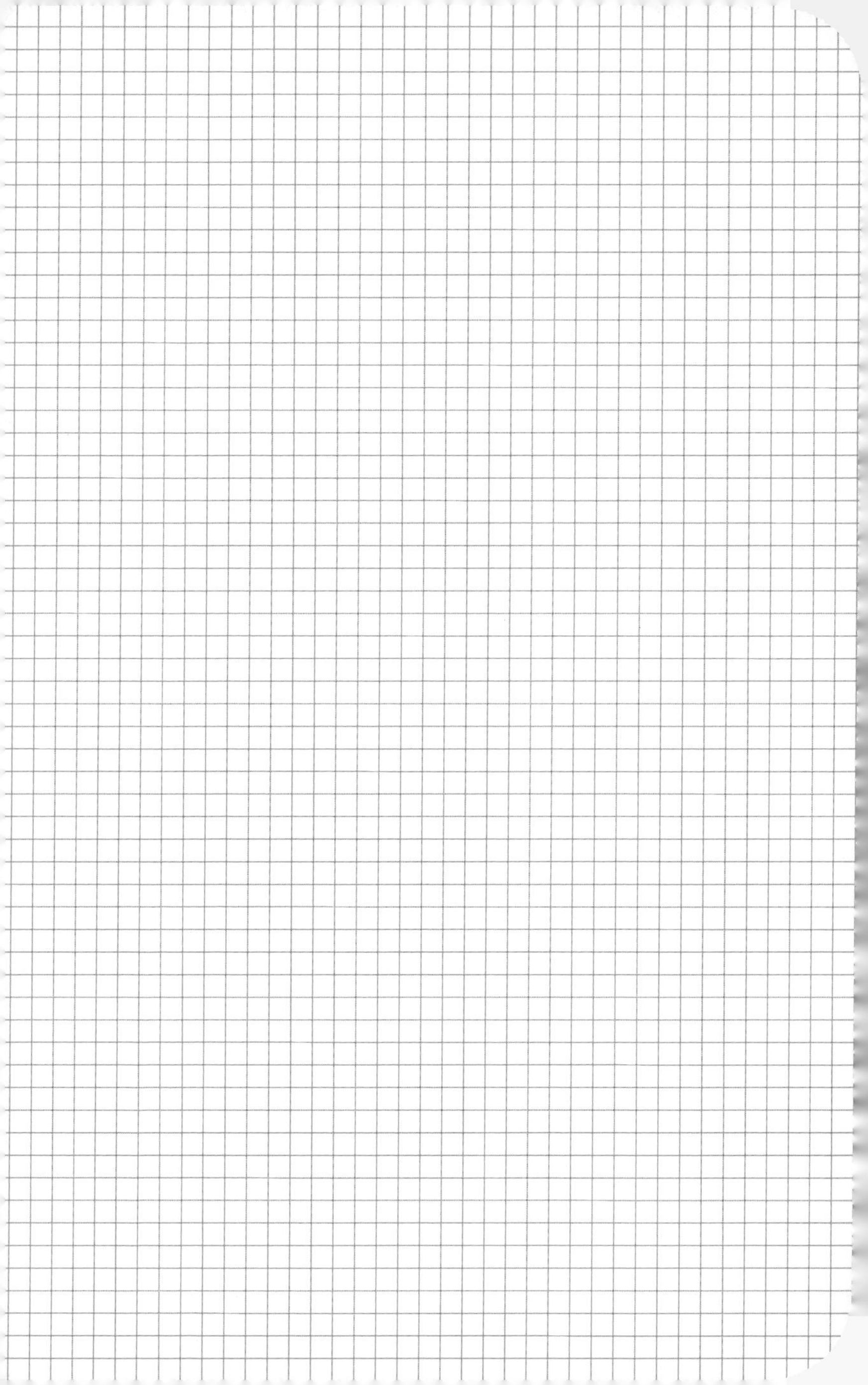

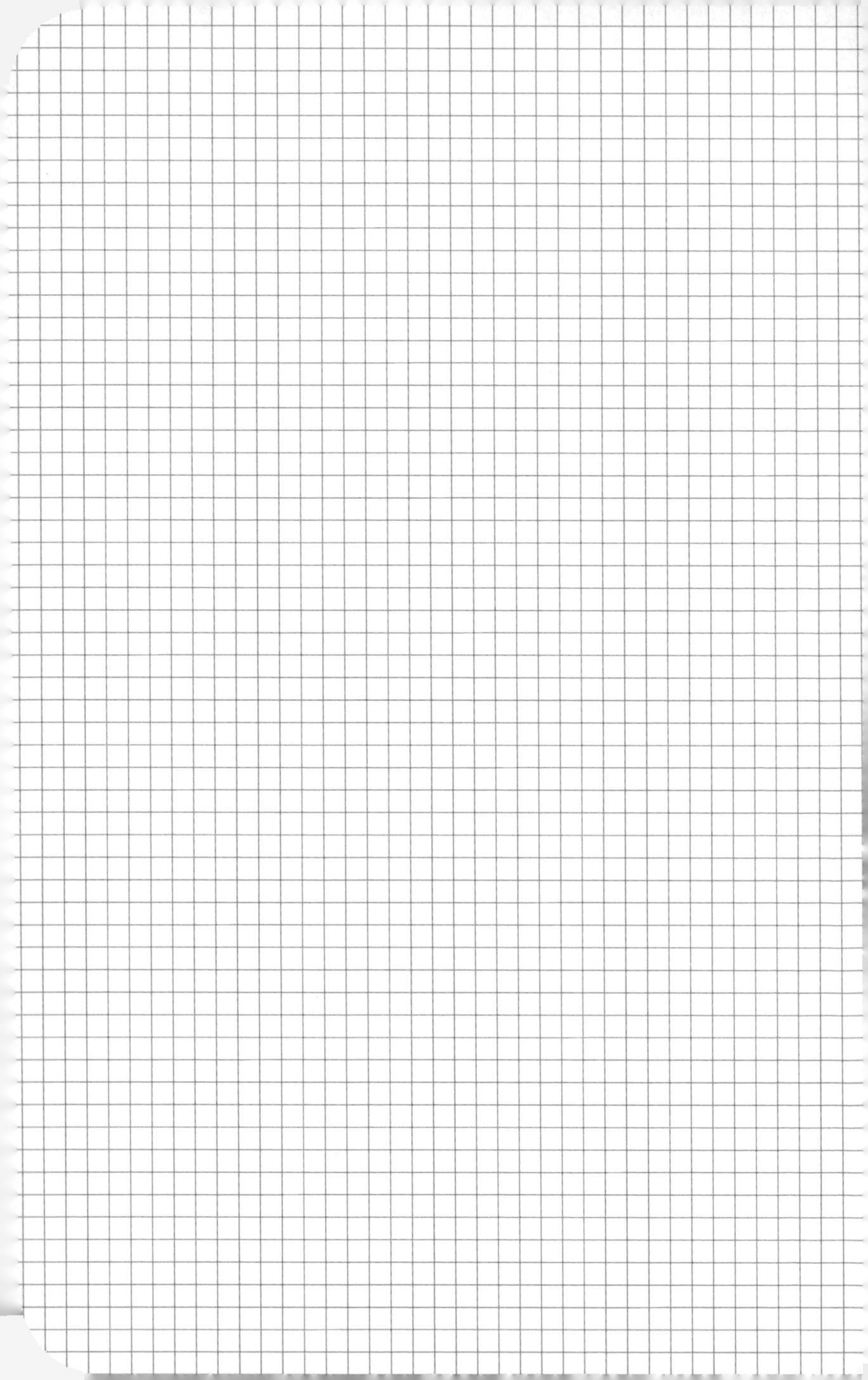

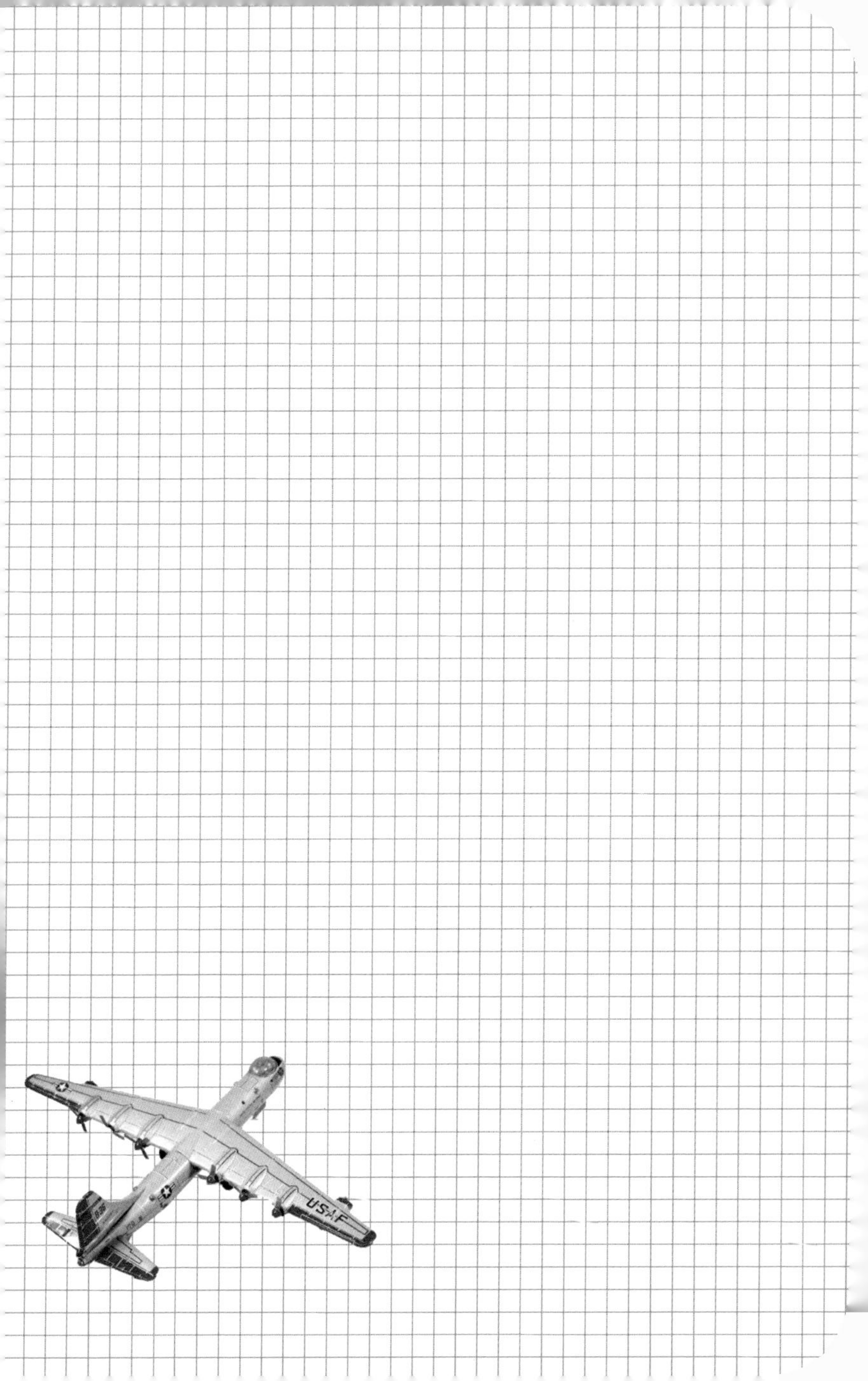
USAF

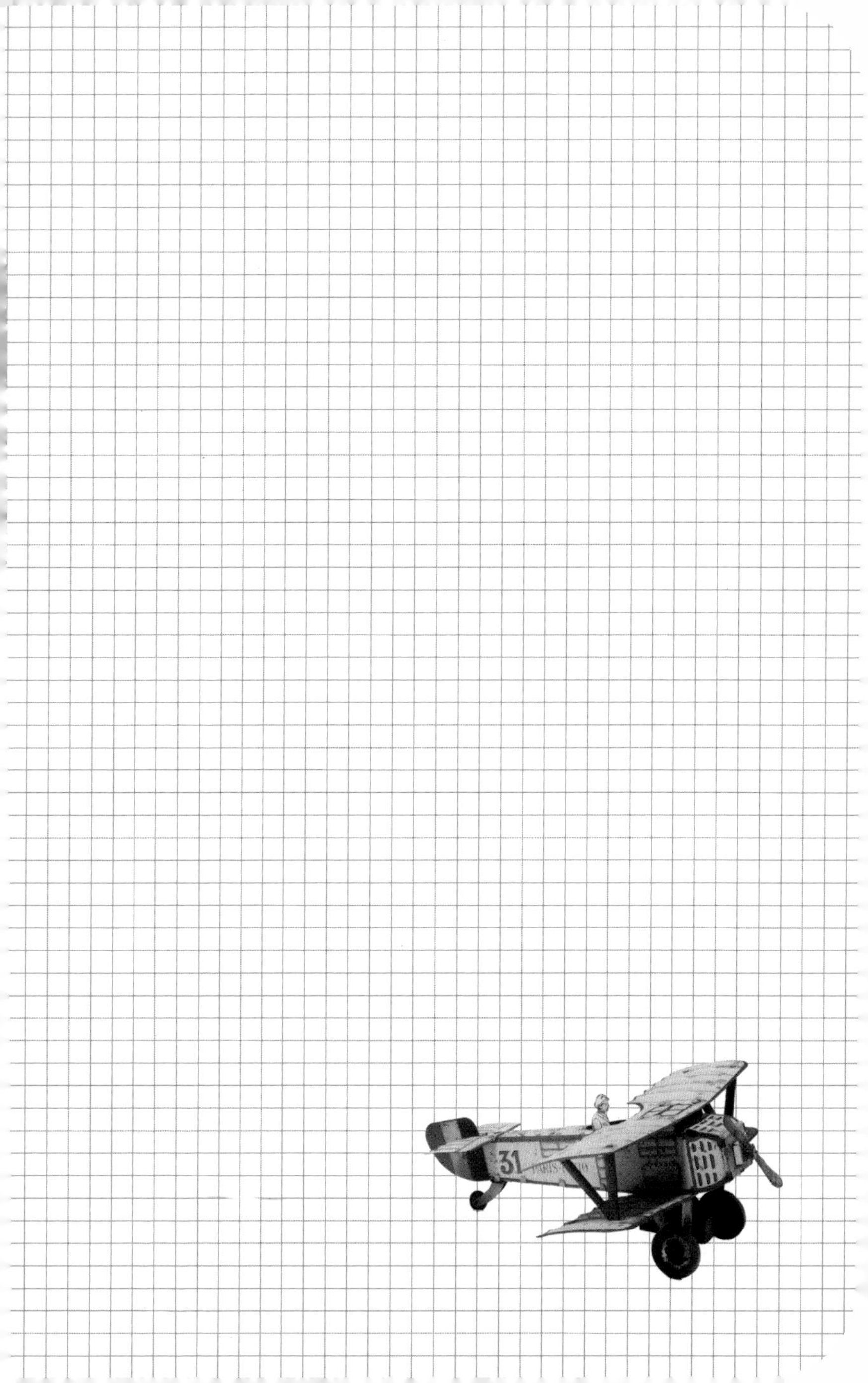

SPITFIRE

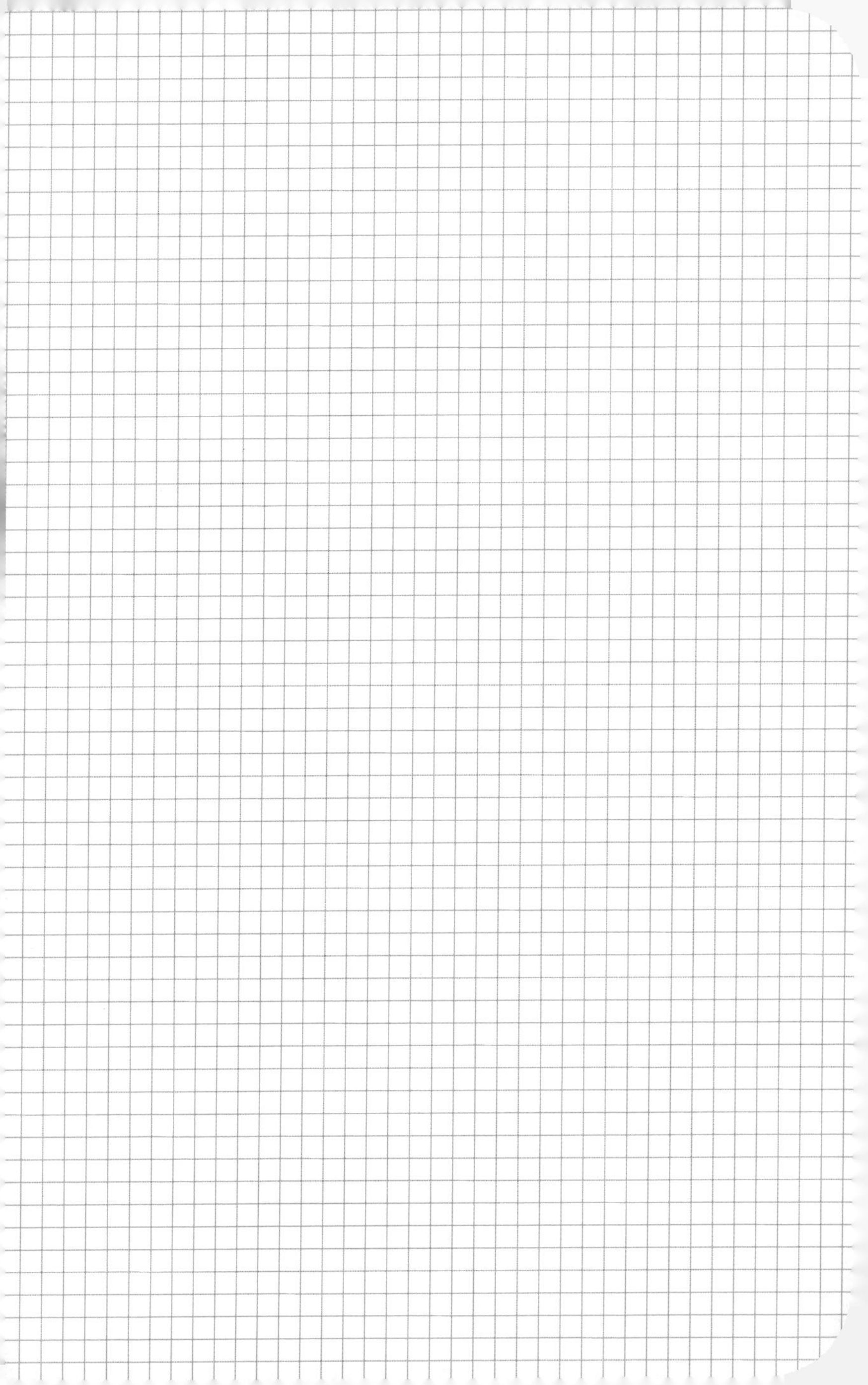

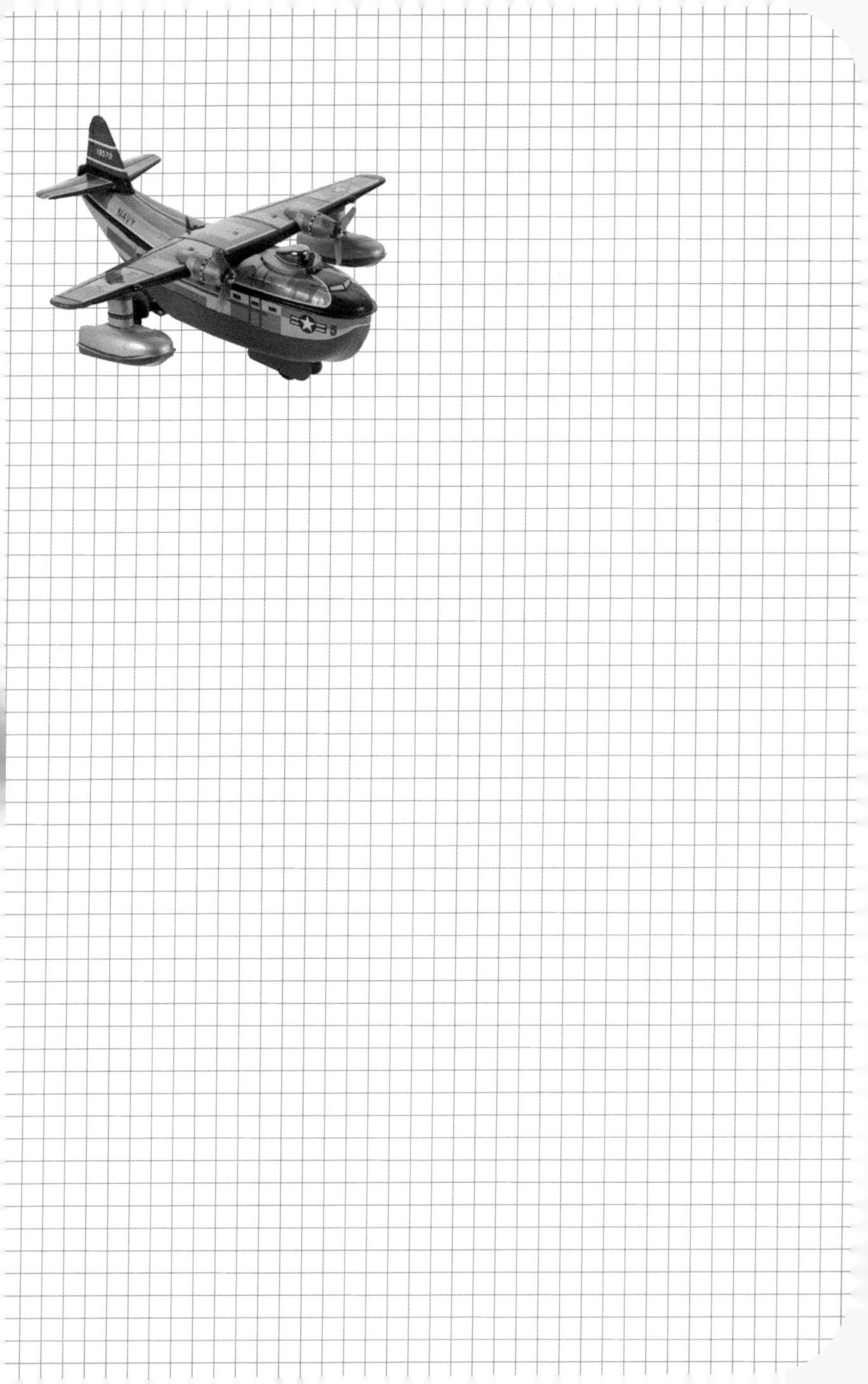
NAVY

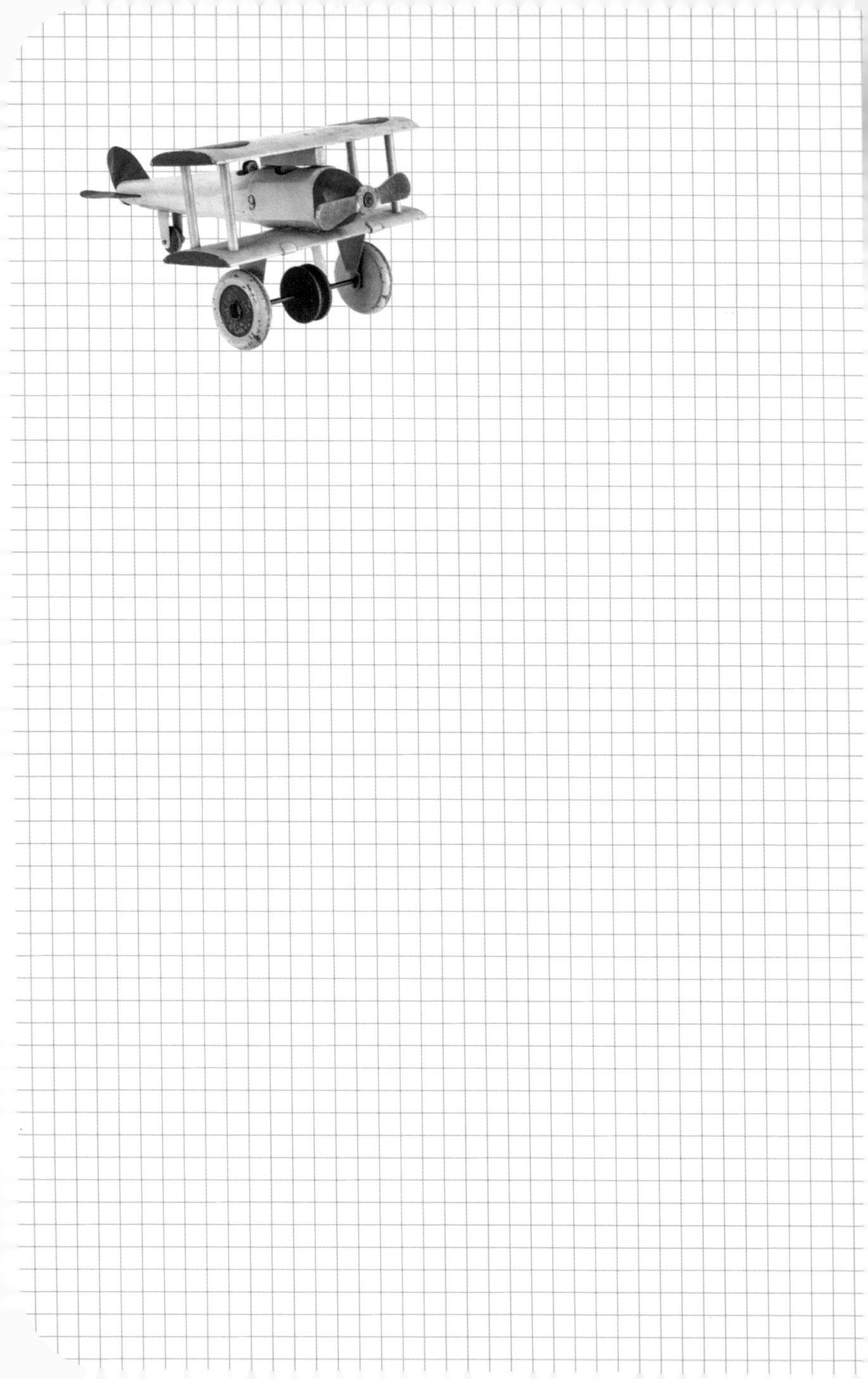

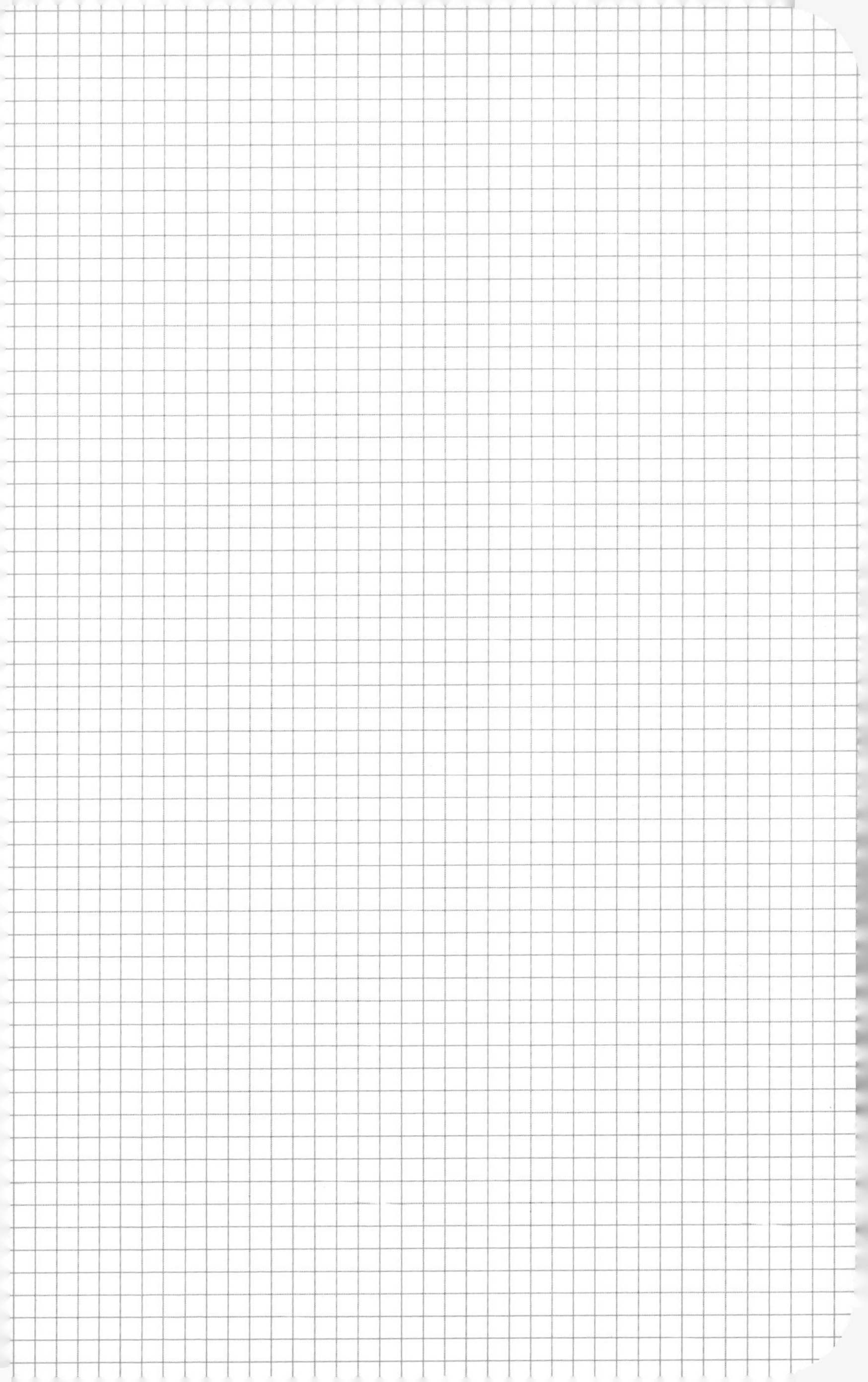

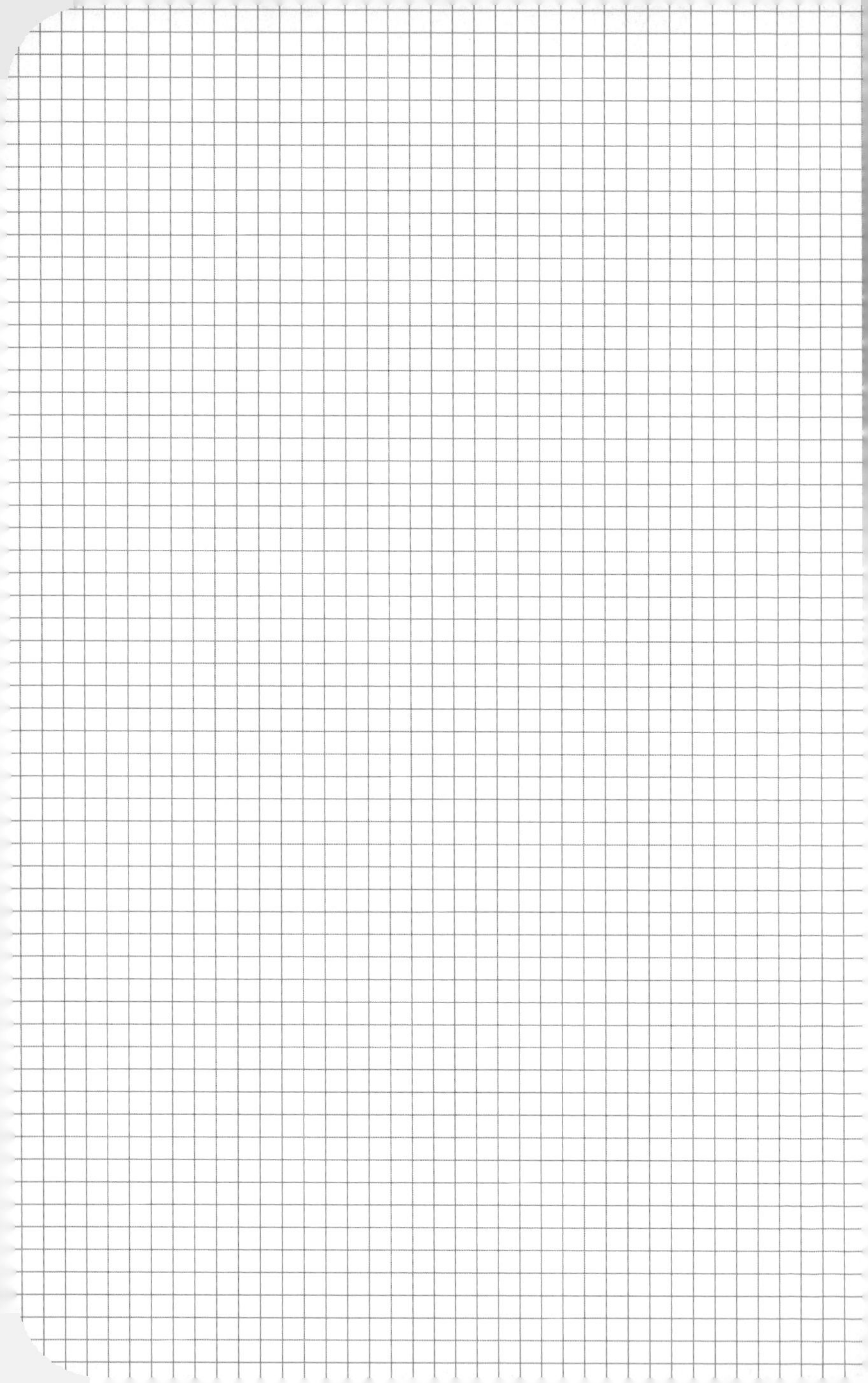

2564

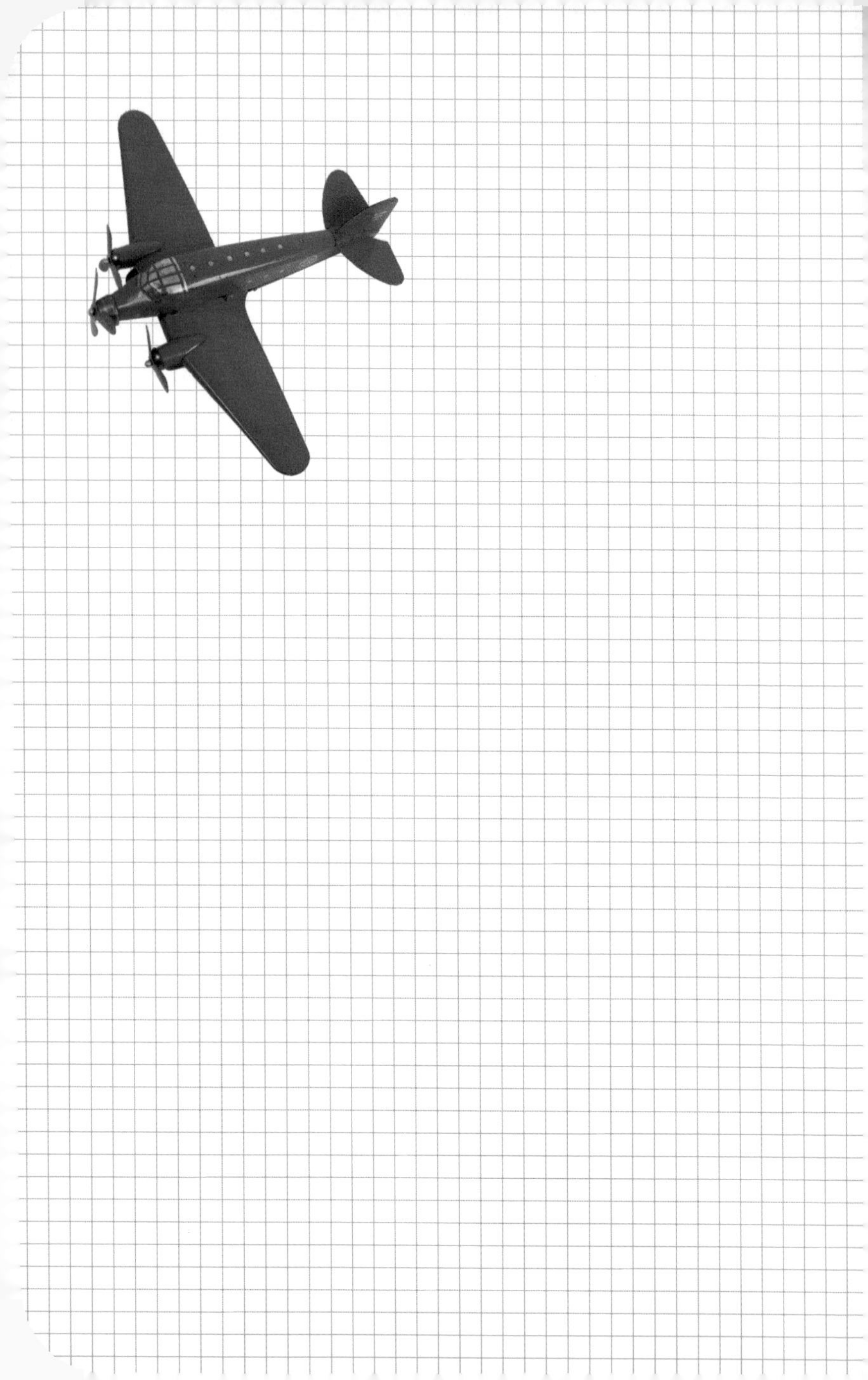

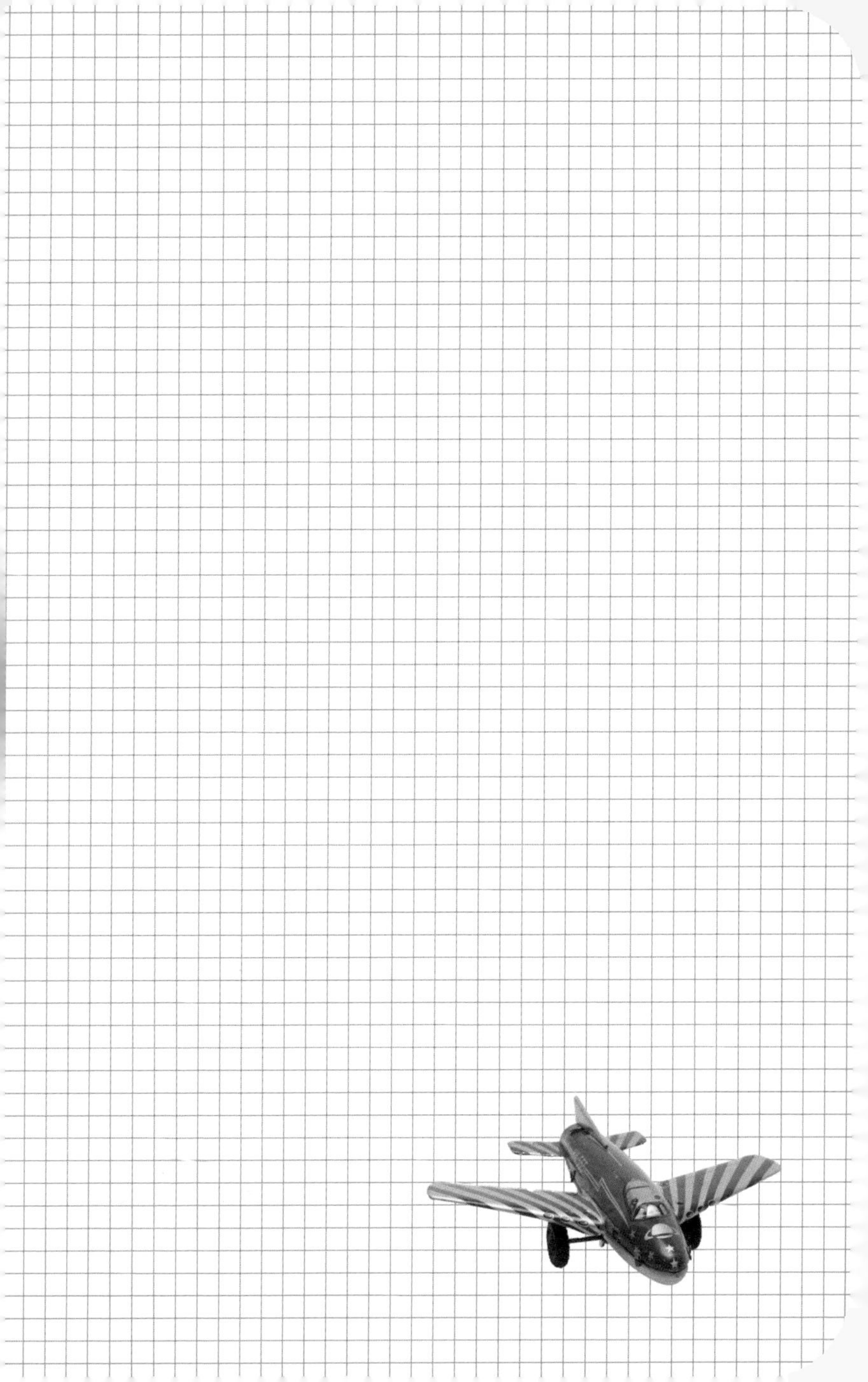

SESNA
310
37879

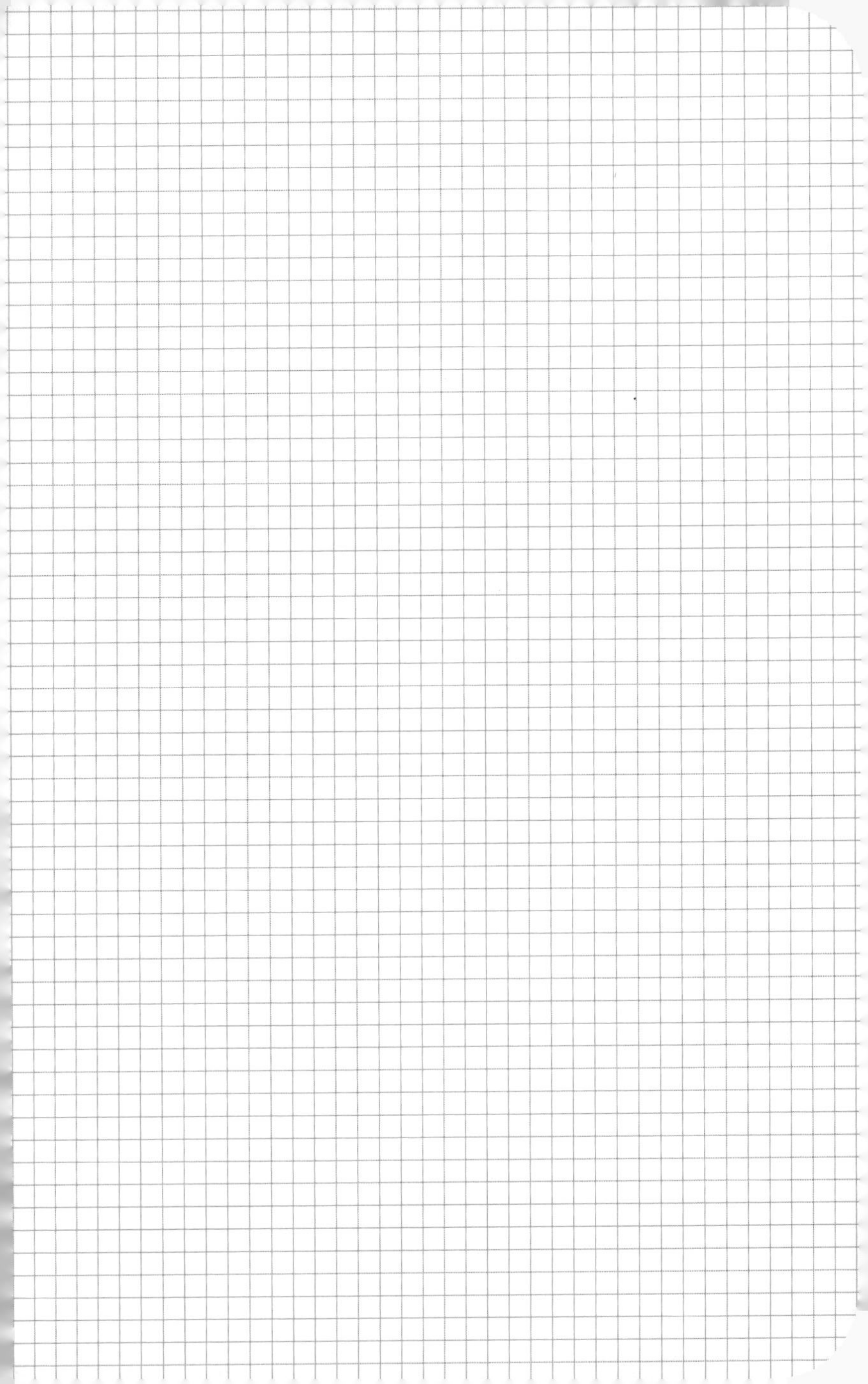

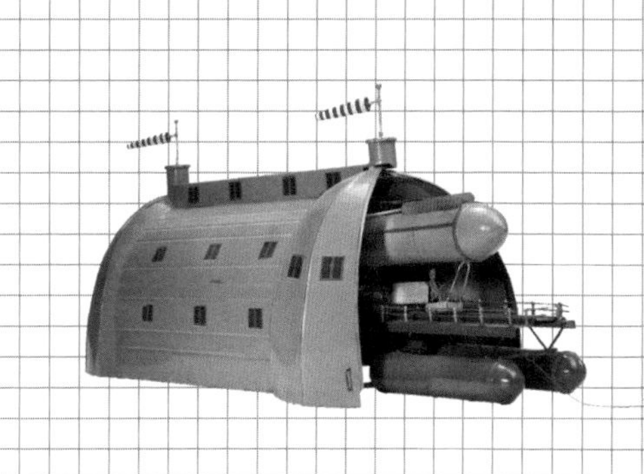

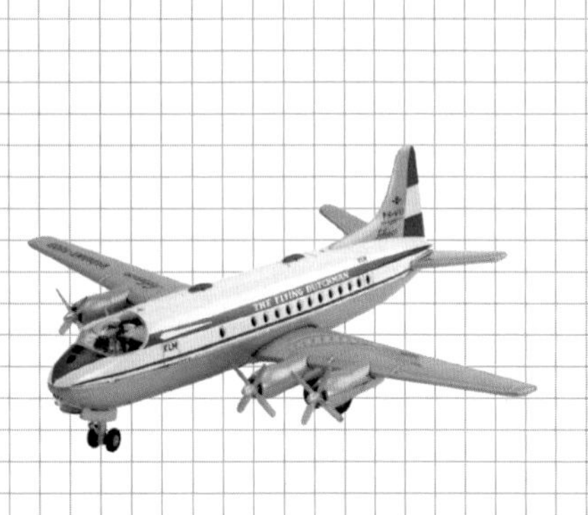

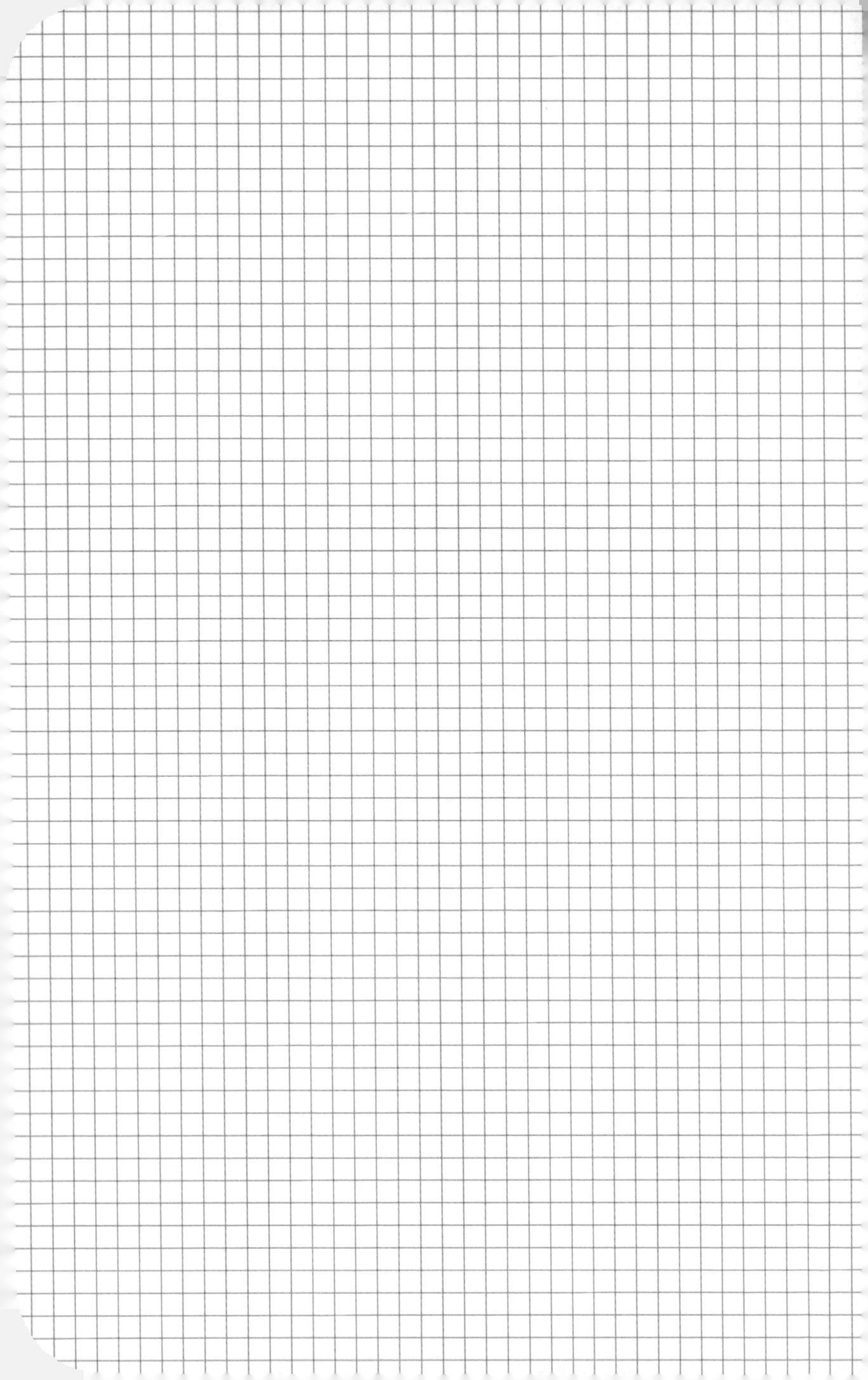

TWA

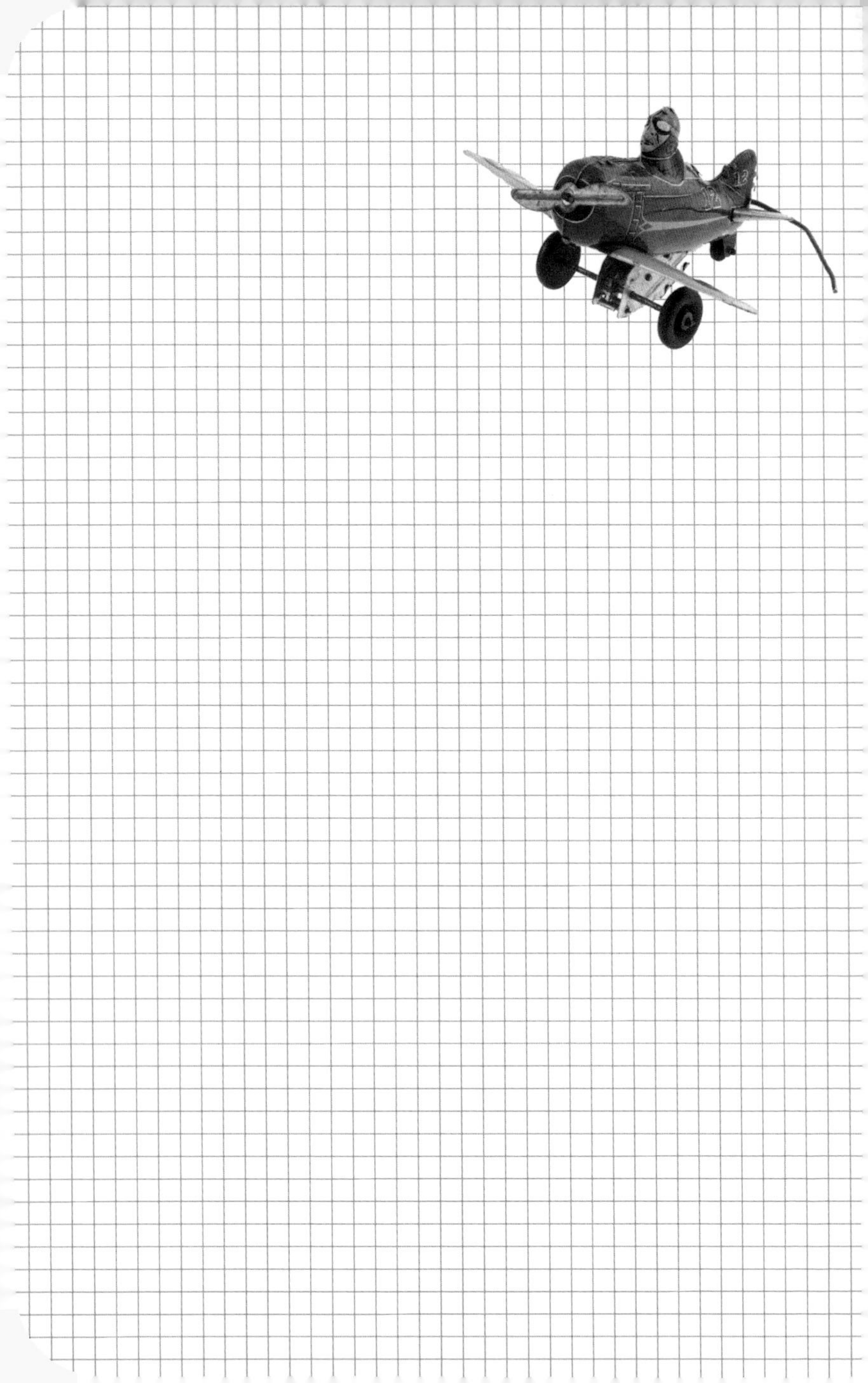

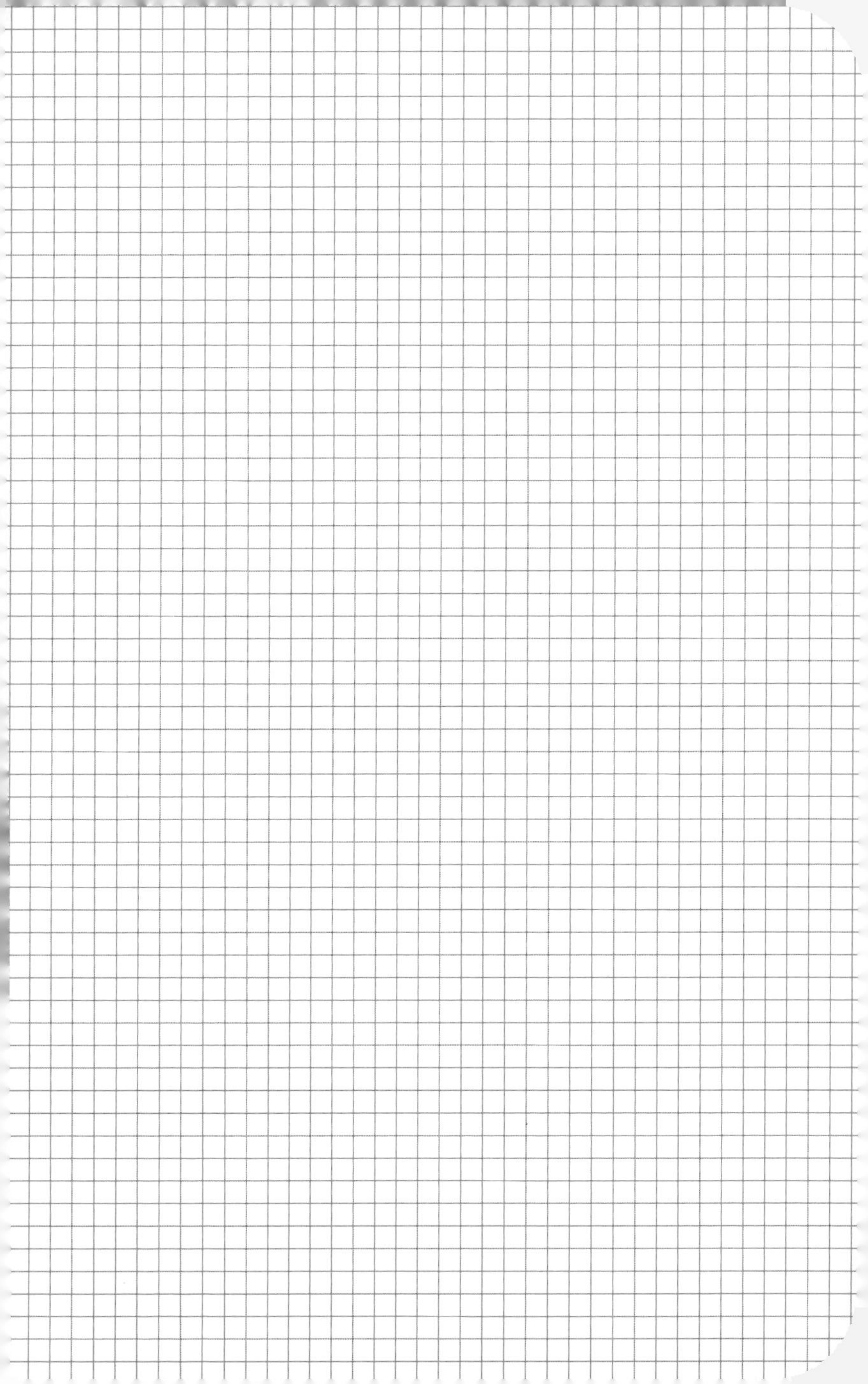

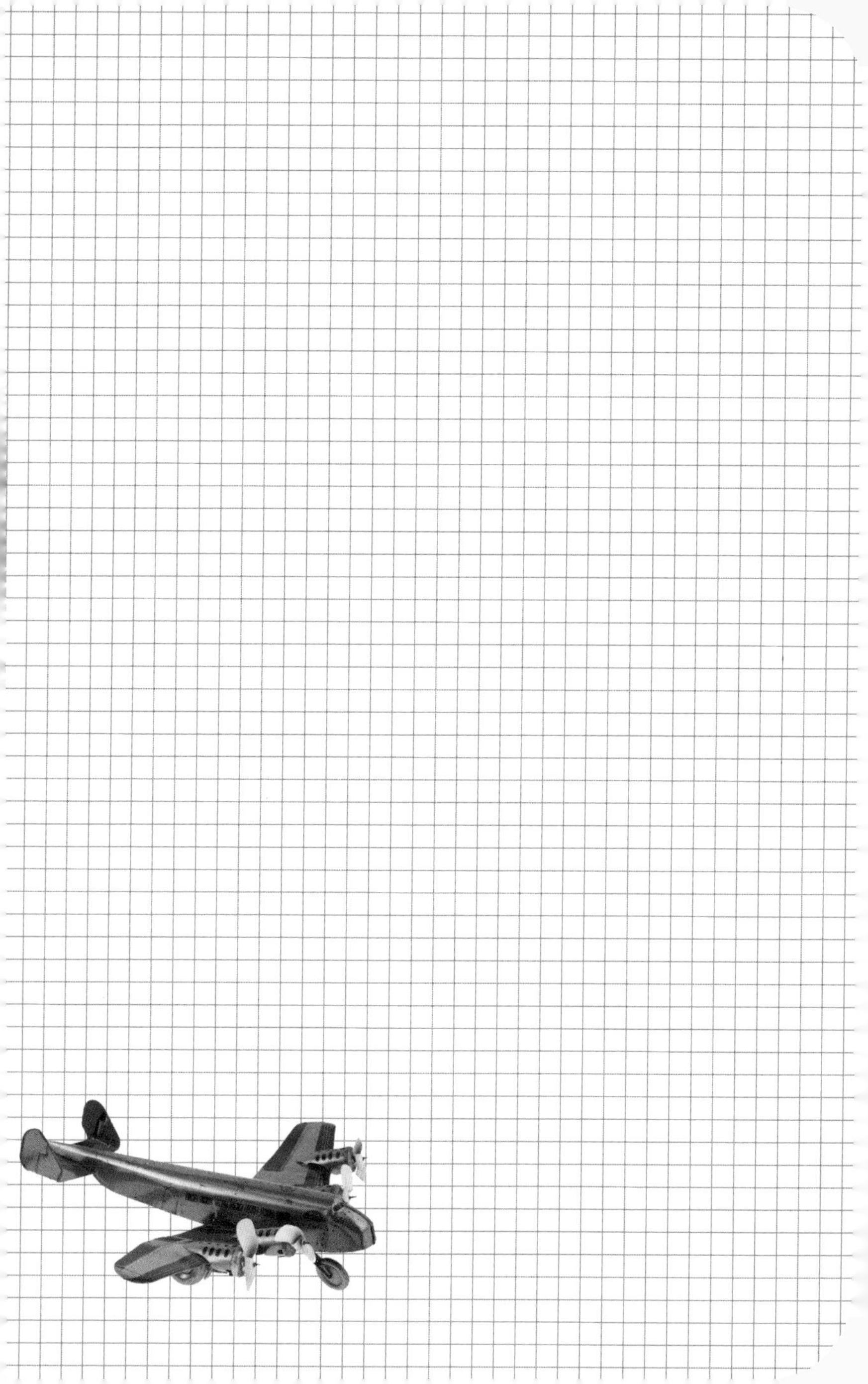

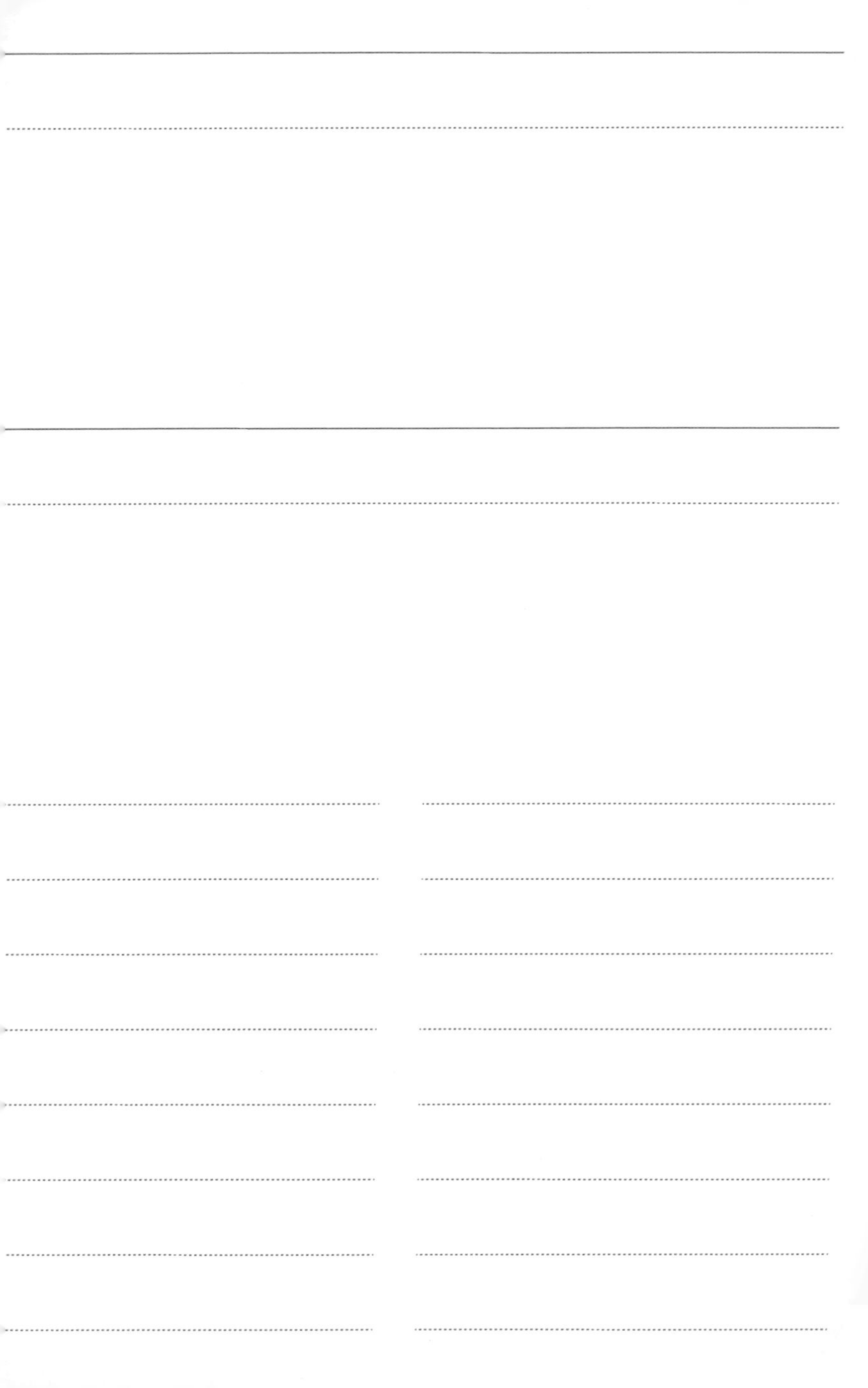

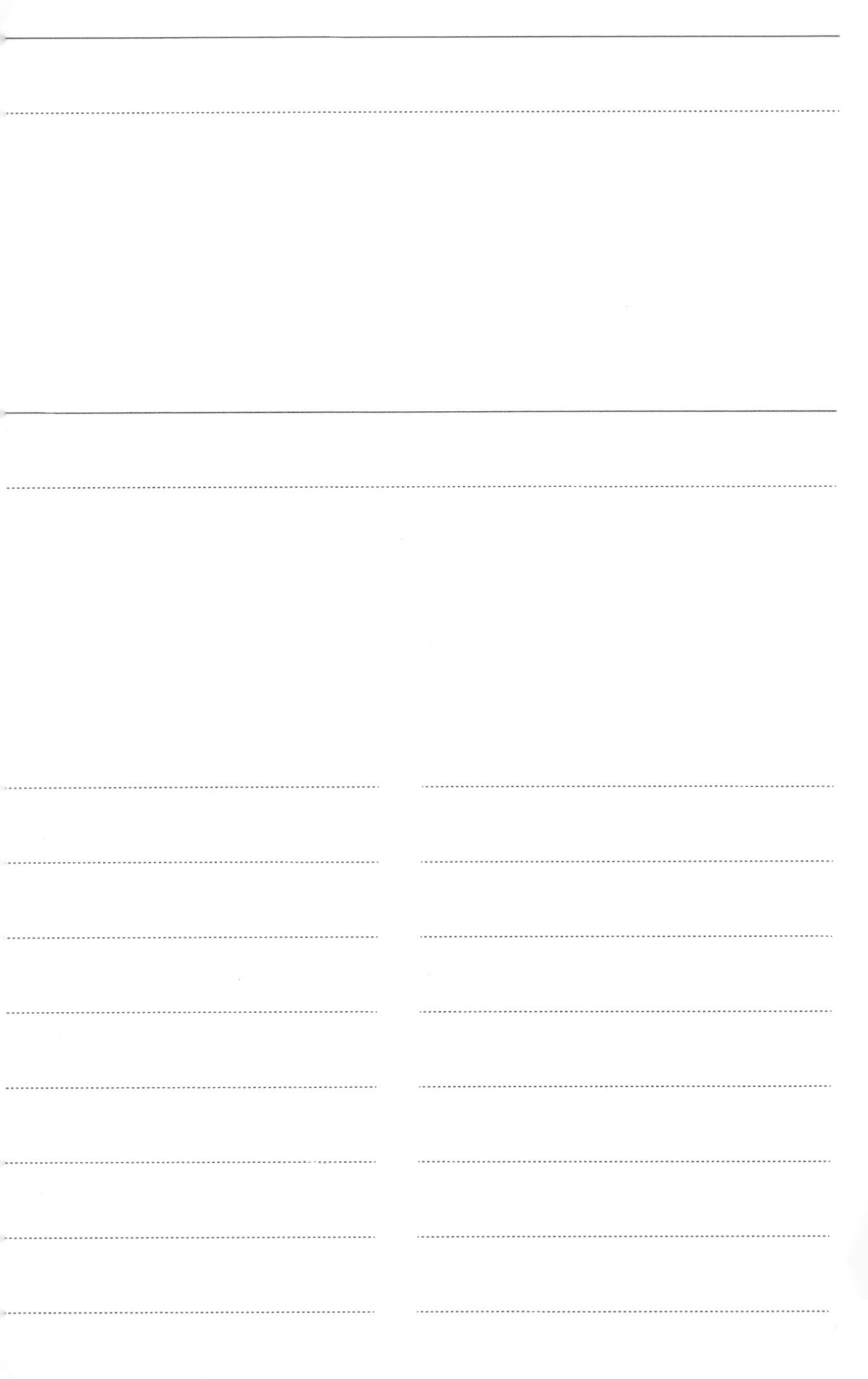

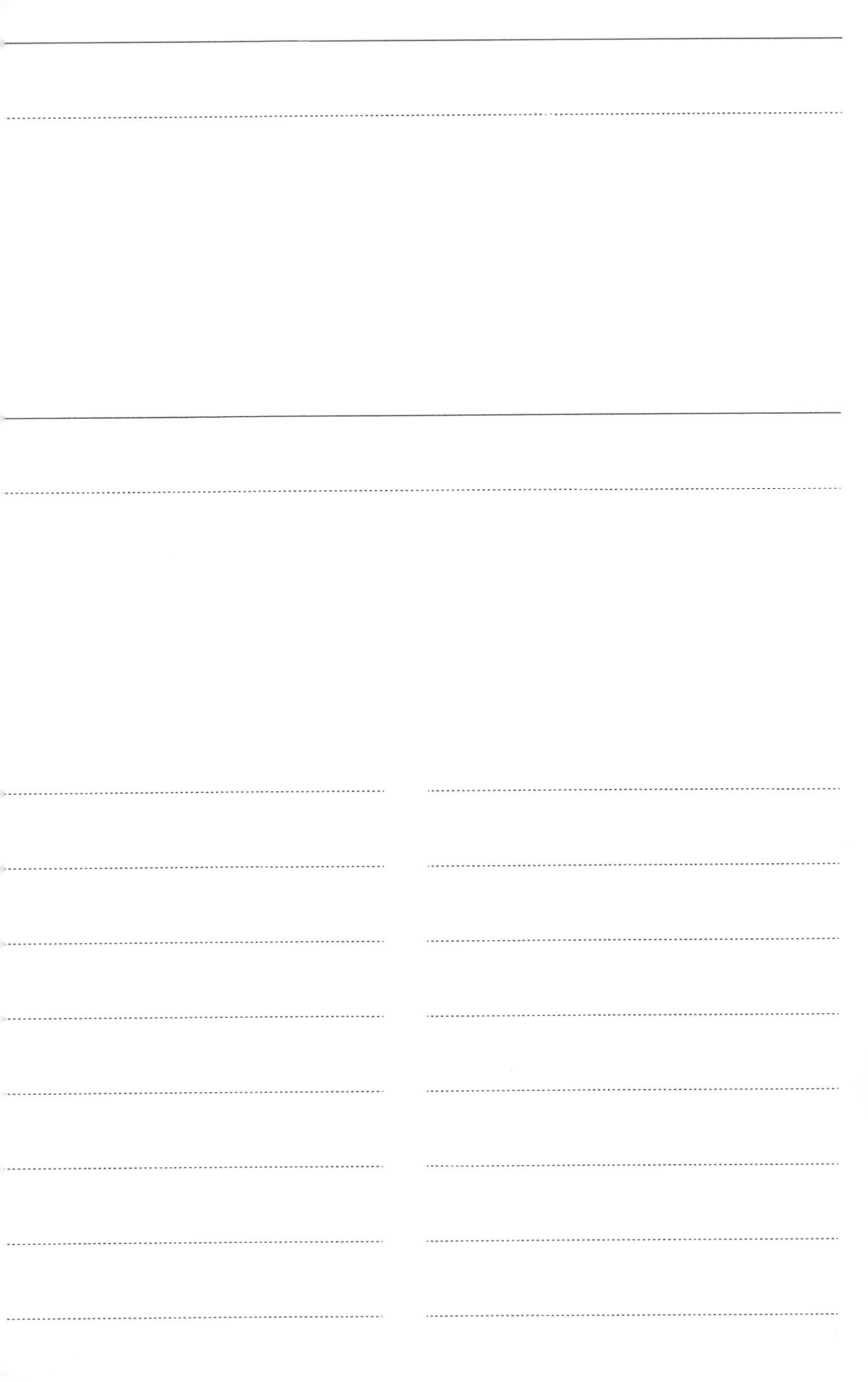

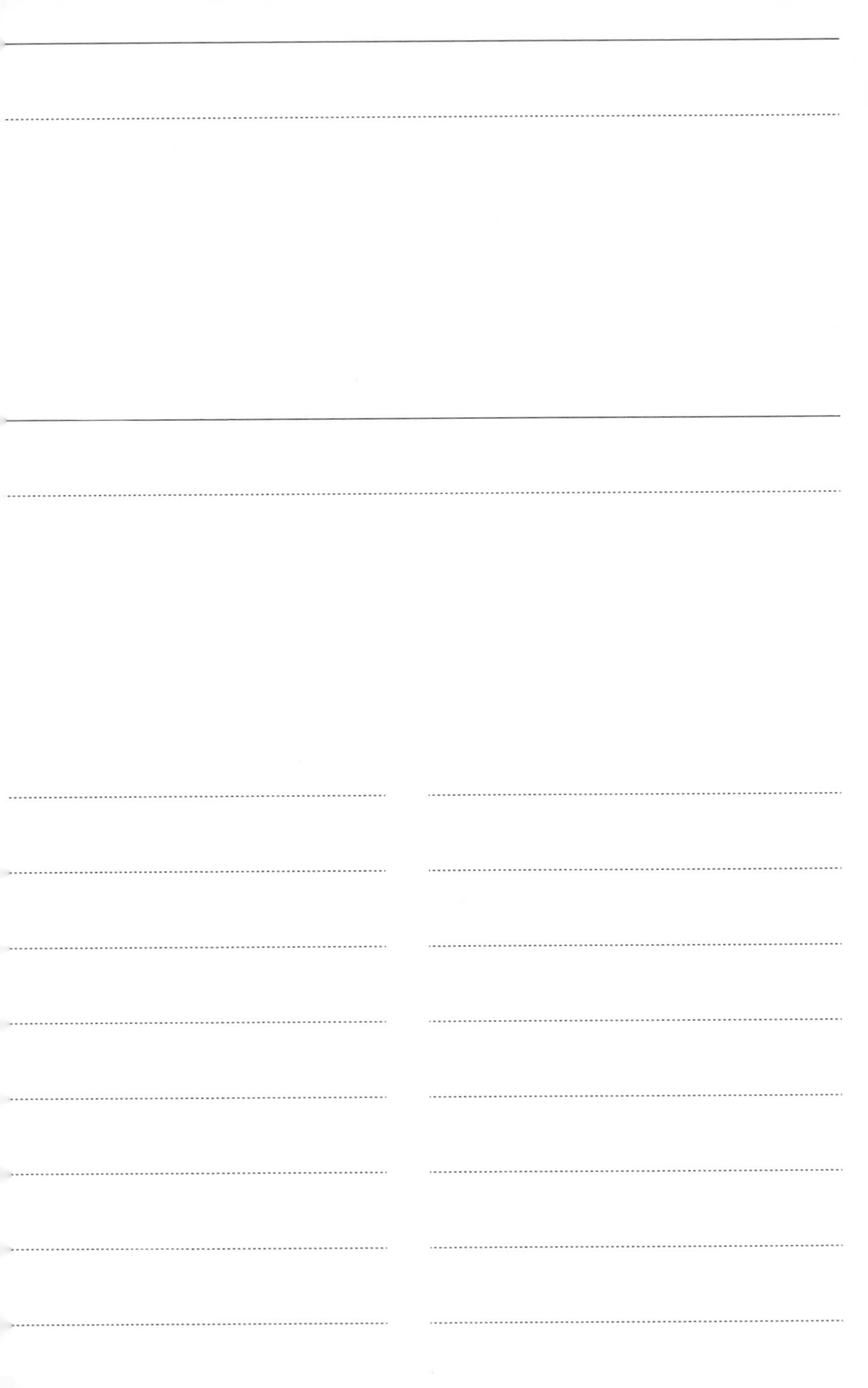